幻の女性獣医誕生計画

—近代日本の獣医養成史—

熊澤 恵里子

凡例

旧漢字は新漢字に直した。
変体仮名は現行の仮名に改めた。

はじめに

誰もが「持続可能な社会」の一員である現代、日本は先進国の中でも、ジェンダー平等の実現が遅れている国として上位に挙げられています[1]。日本は他の先進国と比較していまだに職業選択、賃金、起業に関する制約など、さまざまな場面で、男女格差に気づかされることがあります。私たちはその度に、日本の男女格差の存在を「昔からあるもの」として、歴史的に自明のもののように受けとめていますが、果たして本当にそうなのでしょうか。

本書では、日本が封建社会から近代社会に脱皮しようとしていた頃、西洋社会をモデルとして、法律、教育、医療、産業などのさまざまな制度が整えられていった時期について取り上げます。特に明治一〇年代から二〇年代は、試行錯誤しながらも国や地方の組織や法制度が急ピッチで整備された過渡期であり、戦前までのさまざまな制度が確立されました。またこの時期は、江戸時代から明治時代に代わり、目に見える制度だけでなく、人々の考え方も大きく変化していった時期でもあります。

慶應義塾を創設した福澤諭吉は、明治三（一八七〇）年一一月にすでに「男といい女といい、等しく天地間の一人にて軽重の別あるべき理なし[2]」と男女平等を説き、明治一八年六月には

「日本婦人論[3]」を『時事新報』社説に発表しています。明治一九年六月の『時事新報』社説では、「婦人の職業[4]」と題して、西洋諸国の婦人が電信局技手や鉄道局書記、宣教師、教育者、医師、画工、新聞記者など「戸外活発の職業」に従事し一身独立を図り、女性の地位は上昇し、それにより男女の平等、扶助により社会全体が維持されている、と日本経済全体を視野に入れて論じました。また、明治二一年一月には、東京大学初代綜理《そうり》をつとめた元老院《げんろういん》議官（明治初期の立法機関）加藤弘之《ひろゆき》も男尊女卑について、「人文の開らけたる時世には勿論《もちろん》不道理なることなれども未開の時分には男尊女卑こそ却《かえっ》て当時の天道人理とも称すべきものたるに相違なる可《べか》らず[5]」と、文明の進歩から男性女性の関係を説明し、人々を啓蒙しました。明治一〇年代から二〇年代は、人々が新しい知識や考え方を吸収することに貪欲に、そして、果敢に取り組んだ時代でもありました。

このような時代に、地域の問題に果敢に取り組もうとした女性がいます。京都府綴喜郡大住村（現在の京田辺市）の女医、田宮里宇《りう》（リウ）さんです。明治一九年（一八八六）四月五日に行われた大阪第一回獣医開業試験を受験した最初の女性です。全国でも女性の受験者は初めてで、当時新聞にも取り上げられました。田宮さんは内科医でしたが、獣医学を勉強して、試験にチャレンジしました。受験したきっかけは定かではありませんが、当時流行っていた牛の病気に村の牛たちが伝染することを懸念してのことかと推測できます。村では牛は農作業の大事な担い手でした。また、京都府では当時牛乳の普及を奨励しており、牛の病気を防ぐことは、人々へ安全な牛乳を届けることでもありました。

田宮里宇さんの名前は獣医ならびに獣医学の歴史には残っていません。なぜならば、里宇さんは第一回獣医開業試験に合格しなかったからです。しかし、里宇さんはあきらめませんでした。明治二一年に京都で行われた開業試験にも挑戦しようと京都府へ願書を提出しています。里宇さんの受験は大住をはじめ、周辺の村々からも賛同があったようです。しかしながら、里宇さんが京都府で実施した試験を受験した形跡はありません。しなかったのではなく、できなかった、という方が正しいかもしれません。というのも、このわずか数年の間に、獣医開業免許の資格が厳密になり、また獣医開業試験も受験対象が近代的な獣医学教育を受けた者へ速やかに移行を図ろうとしたと思われるからです。日本の獣医養成は、獣医学教育修了後に開業免許を取得するという正規ルートによる国家資格として次第に組織化されていきます。

残念ながら、明治時代にはまだ女性が入学できる獣医学教育機関はありませんでした。しかし、里宇さんは医学の道から獣医を志願し、大阪の第一回獣医開業試験を受験することができました。当時受験する際には、試験を統括する農商務省の許可が必要でした。里宇さんは農商務省が許可したので、受験できたわけです。職業婦人がほとんどいなかった当時、女性が獣医開業試験を受験できた背景には、農商務省管轄下の駒場農学校獣医学科関係者たちの女性獣医誕生計画が存在しました。

本書では、もしかしたら女性獣医第一号になっていたかもしれない田宮里宇さんについて、そして、一女性受験者の願いを真摯に受けとめ女性獣医誕生を議論した駒場農学校獣医学関係者の計画について、新たな史料により明らかにしていきます。

牛の病気を治し地域のために尽くしたいという思いから、女性初の獣医開業試験に果敢に挑戦した田宮里宇さん。里宇さんはなぜ獣医を志したのか、なぜ獣医開業試験の受験を許可されたのか、なぜ受験することができなかったのか、さまざまな疑問について史料を丹念に読み解きながら明らかにしていきます。里宇さんとその時代を知ることで、皆さんの身近な地域の歴史をいま一度見つめ直し、歴史の面白さを再発見してください。

注

1 持続可能な開発目標（SDGs）に示された一七の目標の第五に「ジェンダー平等を実現しよう」があります。二〇二一年三月に世界経済フォーラム（World Economic Forum：WEF）が公表した各国における男女格差を測るジェンダーギャップ指数（Gender Gap Index：GGI）において、日本の順位は一五六か国中一二〇位でした。この指数は、「経済」「政治」「教育」「健康」の四つの分野のデータから作成されています。日本は先進国の中で最低レベル、アジア諸国の中でタイ、ベトナム、インドネシア、韓国、中国などより低い結果となっています（内閣府編『共同参画』一四四、二〇二一年五月）。

2　「中津留別の書」（西澤直子編『福澤諭吉著作集　第一〇巻　日本婦人論　日本男子論』慶應義塾大学出版会、二〇〇三年、三頁。

3　「日本婦人論」を『時事新報』（九八六～九九三、明治一八年六月四日～一二日付）に八回に渡り連載した（『時事新報』第四巻～二、復刻版、龍渓書舎、一九八六年）。

4　「婦人の職業」『時事新報』一三〇二、明治一九年六月一五日付（同前、第五巻～二）。

5　「加藤弘之氏の講演大意」『時事新報』一八〇〇、明治二一年一月一一日付（同前、第七巻～一）。

1　国家資格としての獣医免状

近代獣医の養成　近代獣医の養成に明治政府が本腰を入れて取り組み始めたのは、明治一八（一八八五）年八月二二日、太政大臣三条実美《さんじょうさねとみ》、農商務卿西郷従道《さいごうつぐみち》、連署による「獣医免許規則」、「獣医開業試験規則」の布告以後です。

それ以前は近代獣医学の専門性を持たない、いわゆる地域の伯楽《はくらく》や馬喰《ばくろう》が長年の経験知により獣畜を治療していました。しかし開港後、西洋から馬牛豚羊などに関する新たな品種や知識、技術が導入され、軍馬、肉牛・乳牛、肉豚、羊毛などへの利用が進むにつれ、獣畜の病気治療や予防、衛生管理など、より専門的で実践的な獣医学を身に付けた獣医の要請が高まりました。なかでも、牛病など獣畜の伝染病の発生については、食肉や牛乳を媒介としてヒトにも影響を及ぼす恐れもあり、全国的な予防策と衛生管理が求められました。事実、明治九年に開設された駒場農学校獣医学科の出身者は、そのほとんどが各県の要請により卒業後直ちに全国各地へ派遣され、即座に採用されました。獣医学教育は駒場農学校の他、秋田県、岩手県、山口県などの獣医学校で行われていました[1]。陸軍馬医学舎でも軍馬を診る獣医学課程が設けられていましたが、当時正規課程を修めた獣医が不足していたため、陸軍省では、東京大学医学部へ軍医生を依頼する、駒場農学校獣医学科生に学資を給して陸軍獣医官に採用する、などの優遇策を講じました。このように、獣医養成は近代日本の最重要課題の一つでもあったのです。

明治政府はこの課題解決のため、明治一八年八月二二日に太政大臣、農商務卿の連署により「獣医免許規則」、「獣医開業試験規則」を布告し、近代獣医の養成に着手しました。獣医関連の事務取扱は、明治十四年四月から新たに設置された農商務省の管轄下に置かれました[2]。それ以前は農商務省の前身の内務省勧農局で、その前は内務省衛生局。人医（医師）と同じ管轄下にありました。この伝統は現在も続いており、獣医師免許は農林水産省、医師免許は厚生労働省の管轄下に置かれています。この二つの規則は、現在、国立公文書館のデジタルアーカイブから検索できます。

獣医免許規則　「獣医免許規則」は全十四条から構成されています。現代文にしてみましょう。カッコ内は、その語句にわかりやすく説明を加えたものです。

第一条　獣医は獣医の学術試験を受けて、（獣医を管轄する）農商務卿（農商務省大臣）から開業免状を授与された者である。

第二条　開業免状の希望者は、試験合格証明書を地方庁（府県）を経由して農商務省へ提出すること。

第三条　官立および府県立の獣医学校または農学校で獣医学を卒業した者は、その卒業証書を以って開業免状の取得を願い出た際には、農商務卿は試験無しで免状を授与してよい。

第四条　外国の獣医学校または農学校で獣医学を卒業した者あるいは外国で獣医開業免状を取得した者は、卒業証書または開業相当を以って開業免状の取得を願い出た時は、農商務卿はその証書を審査し試験なしで免状を授与してよい。

第五条　獣医不足の地域では府知事・県令の陳状により、農商務卿は試験を受けていない者でもその履歴により仮開業免状を授与してよい。

第六条　開業免状を取得する者は、免状交付の際に一円を納めること。

第七条　開業免状を取得した者は、氏名・本籍を農商務省の獣医名簿に登録し時々これを公告（官報に掲載し一般に告知）すること。

第八条　開業免状を損なったりなくしたり、または氏名・本籍が変わったことで免状の書換を希望する者は、その事由を記し、地方庁を経由して農商務省に願い出ること。

第九条　開業免状の書換を希望する者は、免状交付の際に手数料二十五銭を納めること。
第十条　獣医廃業または死亡した時は、地方庁を経由してその開業免状を農商務省へ返納すること。
第十一条　獣医業に関し犯罪またはそれ以上の行為がある時は、農商務卿がその業を停止または禁止すること。
第十二条　前条で獣医業禁止の処分を受けた者がいる時は、地方庁で直ちにその開業免状を取り上げ、これを農商務省に返納すること。その停止処分に関わるものは何年何月何日に停業した旨を開業免状に裏書し、庁印を捺してこれを本人に渡すこと。
第十三条　農商務卿は獣医業禁止の処分を行った後でも、本人の行状を取り調べて別段その禁止を解いてよい。
第十四条　官許なしに獣医業を行った者は、五円以上五百円以下の罰金に処す。

この規則により、獣医不足の地域を例外とし、また、獣医学教育機関を卒業した者あるいは海外で獣医開業経験のある者を除き、獣医は、獣医開業試験に合格し農商務大臣から開業免状を取得した者、と定められました。第五条の獣医不足の地域への措置については、翌月に出された第五条内規により、「獣医不足の地域とは、開業獣医のある地域と隔絶または陸地遠隔の島嶼《とうしょ》（大小の島々）に限るものとする」などと規定され、あくまでも例外措置であることが強調されました。

日本の獣医開業免状は、近代獣医学を基盤とした国家資格として発足しました。

獣医開業試験規則　次に獣医開業試験について詳しく見ていきましょう。「獣医開業試験規則」は全九条から構成されています。

第一条　獣医を開業しようとする者はこの規則に基づき試験を受けること。

第二条　農商務卿は年二回、獣医開業試験を実施すること。
ただし、試験を実施する地方と試験期日は六か月前に告示すること。

第三条　農商務卿は主事者と試験委員を派遣し、試験すべてを監督整理すること。
ただし、時宜により地方官に委任し試験を執行してもよい。

第四条　農商務卿は獣医開業試験を実施する度に、官立公立獣医学校または農学校で獣医学を専修した者または地方で有名な獣医学者等を選び試験委員を命ずることもある。

第五条　獣医学術試験科目は左の通り。
　第一　家畜解剖学
　第二　同　生理学
　第三　同　薬物学
　第四　同　内科学
　第五　同　外科学
第六条　獣医試験を受けようと思う者は、願書に修学の履歴書を添え、毎年六月と十二月に地方庁に差し出すこと。地方庁は翌月十五日迄に書類を取りまとめ、農商務省へ届出ること。
第七条　試験問題は主事者と委員が協議の上、選定し、試験場に臨み受験生に筆答させること。ただし時宜により、口答のこともある。
第八条　試験の主事者は試験終了後、試験委員と共に成績を評定し、合格した者には合格証書を授与する。ただし、合格証書には主事者・試験委員が連署すること。
第九条　試験に落ちた者は六か月たたないと再試験を要請することができない。

このように獣医については、前述の「獣医開業免許規則」の除外措置、例外措置があるにせよ、原則的に獣医学術試験の合格者に対して開業が許可されました。施行日は明治一九(一八八六)年三月一日からと定められました。

受験から合格まで　規則によれば、受験から合格までの手順は、こうです。まず、試験は年二回、試験地方と期日は六か月前に告示し、農商務省から試験委員が派遣されます。試験の及第者、つまり合格者には証明書が授与されました。受験を希望する者は願書に学歴を付けて毎年六月か一二月に地方庁へ提出し、地方庁は書類を取り纏めて翌月一五日までに農商務省へ進達するというものでした。

試験科目　試験科目は「家畜解剖学・同生理学・同薬物学・同内科学・同外科学」の五科目で、獣医学術試験にふさわしく、近代獣医学の基本となる科目が設定されています。ただし、当時この五科目をカリキュラムに組み込んでいる獣医学教育機関は極めて少なく、実際の学術試験内容に反映されていたかどうかはわかりません。この国の規定と、前年に栃木県が計画した「獣医開業規則[3]」を比べると、明らかに試験内容に差があります。栃木県の試験科目「病獣治療法大意、薬剤大意、家畜取扱法大意」の三科目に比べ、国が規定した五科目は欧米の獣医開業試験を意識したものであることが明らかです。

ちなみに、明治一八（一八八五）年五月に実施された駒場農学校獣医学科卒業試験科目[4]は「解剖学、外科手術学、病理的解剖学、生理学、薬物学、病院実習」の学理と実践を重視した六科目が設定され、試験は五月一三日に開始、六月二六日に終了というスケジュールで、時間をかけて実施されました。

獣医開業免状交付　第一回獣医開業試験は、明治一九（一八八六）年三月の「東京」を皮切りに、四月に「大坂・高知・福岡」、「大分・松山」「福島」「長野」「富山」などで実施されました。試験合格後晴れて免状を取得した人の氏名は、各回試験会場ごとに『官報』へ掲載されました。『官報』は明治一六年に太政官文書局から創刊され、国の法令・省令・訓令・叙任など、公的な情報が掲載されています。農商務省が獣医開業免状を交付した人名は、『官報』の最後にある「公告」欄に掲載されました。明治期の『官報』は、国立国会図書館デジタルコレクションからの検索が可能です。

明治一九年前半に獣医開業免許を授与された人は、全体で三五五名にのぼります。そのうち海外留学一名（米国で博士号を取得した駒場農学校出身・與倉東隆）、駒場農学校獣医学正科二三名、同別科三九名、陸軍馬医学舎全科九名、秋田県立獣医学校全科三名、岩手県立獣医学校全科五名、山口県立獣医学校全科二名の八二名が獣医学教育機関の卒業により試験除外措置になったと考えられます。駒場農学校別科には下総の獣医学分科（変則。後に三田移転。別科と改称）出身者も含まれます。駒場農学校獣医学正科・別科以外はすべて全科の卒業生となっており、駒場農学校の近代獣医学教育が高く評価されていたことがわかります。他方、「試験及第者」（試験合格者）は二七三名と圧倒的多数で、そのほとんどが正規の獣医学教育ではなく、変則的な教育あるいは獣医に個人的に師事するなどの私的教育によるものと推測できます[5]。

「獣医免許規則」ならびに「獣医開業試験規則」の改正　順調にスタートした獣医開業試験でしたが、明治二三（一八九〇）年八月二八日に規則の改正が行われ、新たな「獣医免許規則[6]」が公布されました。公布時の内閣総理大臣は山県有朋《やまがたありとも》、農商務大臣は陸奥宗光《むつむねみつ》です。改正案は、第一次山県内閣で農商務大臣に任命された岩村通俊《いわむらみちとし》により同年五月に提出されました。

改正案と共に提出された理由書によると、現行（明治一八年）の規則により弊習は減ったがいまだ完全でない条項があると指摘しています。規則案では、条文がより具体的に簡潔に書かれています。特に免許以前まで遡り行政処分を下す文言を削除し、免許の禁止、停止の範囲、内容を明確にしました。改正案第二条では免状取得対象者に「公立又ハ私立学校ニ於テ農商務大臣ノ認可シタル学則ニ依リ獣医学ヲ専修シ其ノ卒業証書ヲ有スル者」が加筆され、その範囲が拡大されています。また、現行規則第五条にある獣医に乏しい地域については、改正案では第十四条、第十五条を「附則」として設け、規定の免状取得資格がなくとも履歴に基づき営業区域および年限を定め獣医仮免状を授与することとしました。改正案の最後にある第十六条では、明治一八年布達の獣医開業試験規則その他、改正規則に抵触する規定はすべて廃止すると記されています。この改正案は元老院の審査を経て公布されました。

「獣医開業免許規則」改正に伴い、同年九月二日に「獣医開業試験規則[7]」も改正されました。大きな変化は、試験科目に実習が設定された点です。学問知に実践知が加わり、学術試験にふさわしい内容に改められました。第一条の試験科目も一科目増えて、次の六科目となりました。

一　家畜解剖学
一　同　生理学
一　同　薬物学

一　同　内科学及其ノ実地
一　同　外科学及其ノ実地
一　蹄鉄学及其ノ実地

蹄鉄学については、明治二三年四月に「蹄鉄工免許規則[8]」が制定され、従来獣医業の兼務が一般的だった蹄鉄業が、この規則により分離されました。以前から陸軍内では獣医との兼務が問題視されており、明治二一年五月に陸軍蹄鉄学舎条例を設け、蹄鉄剪蹄の学術を専修する者の養成に力を入れていました。翌年四月には陸軍蹄鉄工卒教育規則を定め、卒業証書には蹄鉄術と病馬看護法の修得終了が明記されました。蹄鉄業を獣医業と区別することは、医科と歯科のようにその専門の職業を営む上で当たり前のことであると説明しています。陸軍における蹄鉄工が必要としたのは軍馬の蹄鉄装備技術と病馬の治療技術であり、戦場においては蹄鉄工自身も兵卒の役割を担っていました。したがって、獣医の治療対象が家畜全般の病気治療および研究に拡大するにつれて、蹄鉄工と獣医を区別し、それぞれの専門性を重視した国家資格が必要になったのです。「蹄鉄工免許規則」では、この規則制定以前に免許を受けた獣医で、蹄鉄工兼務を希望する者は獣医開業免状などを添えて農商務大臣へ出願することと定めました。

明治一〇年代から二〇年代にかけて、医術、獣医、薬剤、産婆、眼科、歯科などの開業試験が各所管省の下で徐々に開始され、次第に組織化されていきます。それまでの伝統的な家業としての職業から、近代的な学術を基本とした国家資格へ、時代は大きく変化していきました。

注

1　札幌農学校には獣医学科は設置されていませんでした。明治一〇年に牧畜を興し牛乳、牛酪製造等が始まり、翌年から動物学等の授業はカッターが担当しました。明治二〇年三月にカッターの後任として着任した駒場農学校獣医学科出身須藤義衛門は、明治二一年七月、当地方でいまだに畜病の治療を旧伯楽や馬商に委ねていることを獣医開業免許規則に抵触すると批判すると共に農学校生徒の獣医学実習の材料を得るためにも、病畜治療所の設置伺を校長代理幹事佐藤昌介へ提出しています。その後、農園内で病畜治療が行われましたが、明治二三年一〇月に獣医生がいない等の理由から廃止されました（北海道大学編『北大百年史　札幌農学校史料（一）』ぎょうせい、一九八一年）、同『北大百年史　札幌農学校史料（二）』。

2　「獣医免許規則ヲ改正ス」類 00503100-00800、国立公文書館所蔵。

3　「栃木県ヨリ農商務省へ伺　十七年五月十四日」『法規分類大全第一編　衛生門　衛生総　医事　附獣医』全 00050100　国立公文書館所蔵。

4　「卒業試験科目日割等」（安藤圓秀編『駒場農学校資料』東京大学出版会、一九六六年、四六一頁）。

5　『官報』第九九八号、明治一九年一〇月二六日付。

6　公布された条文全文を以下に掲げます（御00549100、国立公文書館所蔵）。

法律第七十六号

朕獣医免許規則ノ改正ヲ裁可シ茲ニ之ヲ公布セシム

睦仁　印

明治二十三年八月二十八日

内閣総理大臣伯爵山県有朋

農商務大臣　陸奥宗光

法律第七十六号

獣医免許規則

第一条　獣医ノ開業ハ農商務大臣ヨリ獣医免状ヲ受ケタル者ニ限ル

第二条　獣医免状ヲ受クルコトヲ得ル者左ノ如シ

一　獣医免許試験ニ合格シ其ノ証書ヲ有スル者

一　官立府県立ノ獣医学校若ハ農学校ニ於テ獣医学ヲ専修シ其ノ卒業証書ヲ有スル者

一　公立又ハ私立学校ニ於テ農商務大臣ノ許可シタル学則ニ依リ獣医学ヲ専修シ其ノ卒業証書ヲ有スル者

一　外国ニ於テ官立府県立ノ獣医学校若ハ農学校ト同等以上ノ学則ニ依リ獣医学ヲ専修シ其ノ卒業証書ヲ有スル者

第三条　第二条ノ資格ヲ有スル者ニシテ獣医免状ヲ受ケント欲スルトキハ試験及第証書又ハ卒業証書ノ写

ヲ添ヘ地方庁ヲ経由シテ農商務大臣ニ出願スヘシ

第四条　獣医免状ヲ受ケタル者ノ氏名本籍ハ農商務省ノ獣医籍ニ登録シ之ヲ公告スヘシ

第五条　獣医廃業シタルトキハ本人ヨリ死亡シタルトキハ其ノ遺族又ハ親戚ヨリ三十日以内ニ地方庁ヲ経由シテ其ノ免状ヲ農商務省ニ返納スヘシ

第六条　獣医免状ヲ受クル者ハ其ノ免状下付ノトキ手数料トシテ金一円ヲ納ムヘシ

第七条　獣医免状ヲ毀損亡失シ若ハ氏名本籍ヲ変換シタルトキハ其ノ事由ヲ記シ地方庁ヲ経由シテ免状ノ書換ヲ農商務大臣ニ出願スヘシ

書換ノ免状ヲ受クル者ハ免状下付ノトキ手数料トシテ金五十銭ヲ納ムヘシ

第八条　獣医業ニ関シ犯罪若ハ不正ノ行為アリタルトキハ農商務大臣ハ情状ヲ参酌シ五日以上五十日以下ノ範囲内ニ於テ其ノ業ヲ停止シ情状ノ最モ重キモノハ之ヲ禁止スルコトアルヘシ

禁止ノ処分ヲ受ケタル者ハ十日以内ニ地方庁ヲ経由シテ獣医免状ヲ農商務省ニ返納スヘシ

第九条　第八条ノ禁止ノ処分ヲ為シタル者ト雖モ三年ヲ経過シタル後情状ニ依リ其ノ禁止ヲ解クコトアルヘシ

禁止ヲ解カレタル者ニシテ再ヒ獣医免状ヲ受ケント欲スル者ハ第三条及第六条ニ依ルヘシ

第十条　免状ヲ受ケスシテ獣医ノ業ヲ為シタル者ハ五円以上五十円以下ノ罰金ニ処ス

第十一条　獣医業停止中其ノ業ヲ為シタル者ハ二円以上二十五円以下ノ罰金ニ処ス

第十二条　獣医正当ノ事由ナクシテ其ノ業ニ関シ他人ノ依頼ヲ拒ミタルトキハ一円以上一円九十五銭以下ノ科料ニ処ス

第十三条　獣医免許試験規則ハ農商務大臣之ヲ定ム

附則

第十四条　獣医ニ乏シキ地ニ於テハ当分ノ内北海道庁長官府県知事ノ具状ニ依リ農商務大臣ハ第二条ノ資格ナキ者ト雖モ出願者ノ履歴ニ依リ営業区域及年限ヲ定メ獣医仮免状ヲ授与スルコトアルヘシ
第十五条　第十四条ニ依リ獣医仮免状ヲ受ケタル者ニモ亦此ノ規則ヲ適用ス
第十六条　明治十八年第十七号布達獣医開業試験規則其ノ他此ノ法律ニ抵触スル規定ハ総テ廃止ス

7　「獣医免許試験規則ヲ定ム」類 00503100-00900、国立公文書館所蔵。
8　「蹄鉄工免許規則ヲ定ム」類 00525100-00900、国立公文書館所蔵。

2　日本初の女性獣医誕生計画

女性獣医は是か非か　第一回獣医開業試験施行を開示した府県では、その半年前から願書の受け付けを開始しました。明治一九（一八八六）年一月、「女性に獣医開業させる件に関する問い合わせ」が地方から農商務省に上がっています。おそらく、女性からの開業試験願書が提出されたため、府県から問い合わせがあったものと考えられます。開業試験を受験することは、合否はさておき、女性獣医の開業を認めることにもなります。当時、明治一七年にようやく女性の医術開業試験受験が許可され、翌年に荻野吟子が合格し、医籍登録されたばかりでした。女医の存在は、主に女性の病気を診る医師として昔から世間にもある程度認知されていましたが、女性獣医は稀有の存在といえるでしょう。どう回答すればよいのか、問い合わせは農商務省獣医課（事務方）から駒場農学校幹事柘植善吾《つげぜんご》へと回され、最終的には獣医学科助教杉田武が御雇教師ヤンソンの意見を聴取して回答を作成しています。

その回答文書一式が筆者の史料閲覧により、新たに見つけることができた文書[1]です。後掲写真からもわかるように、虫食いにより判読不明な箇所も多々ありますが、肝心の「回答」部分ははっきりと解読できます。まず、解読文から読んでみましょう。史料に対応するように解読文を掲載しています。文中カッコでくくった文字は、判読困難ながらも読める、または、前後から推定できる箇所です。□の部分は虫食い箇所です。

回答文書には、回答作成までに交わされた文書二点が添付されています。回答の文書が上になるようにしてまとめられ、『明治十九年　往復書　駒場農学校』の中に綴じられていました。

便宜上、この文書に番号を振りました。まず、①の回答文書は、農商務省獣医課長村上宛、駒場農学校幹事柘植の回答文書です。②は、駒場農学校幹事柘植宛、農商務省獣医課長村上の問い合わせ文書への回答作成依頼文書です。③は、①の柘植回答文書のたたき台となった農学校幹事柘植宛、駒場農学校獣医学科助教杉田文書です。柘植は杉田の取調による結論「たとえ女性でも試験に合格した者には獣医開業を許可する」という回答をそのまま農商務省課長へ提出しました。

この回答文書に関わったのは、獣医課長の村上要信、駒場農学校幹事の柘植善吾、獣医学科助教の杉田武、御雇ドイツ人教師のヤンソンの計四名です。このうち、日本人三名は海外経験もある開明派の人物でした。

①

明治十九年一月廿六日　　高橋守典

校長

幹事　柘植　属

女子ヲシテ獣医開業セシムルノ儀ニ付問合

本局獣医課長

右ニ対シ別紙之通獣医学科□

申出候間左按御回答相成可然哉此□

相伺候也

獣医開業志願者中仮令

女子タリトモ試業合格之者ニハ右許可

可致之類例等欧米各国有之候哉

云々第五号御問合被□而

其□獣医学校□御問合セハ

□独逸仏蘭西ノ両国ニ於而ハ人医獣医

共ニ女子ヲシテ開業セシムルノ成規無之候得

共露西亜瑞西北米合衆国ノ三国□
人医開業ヲ女子ニモ許可スルノ成規有之□
多分獣医モ女子ニ許可スラルベシト推考候
乍併現時欧州於而女子ニシテ獣医開業
候者未タ壱人モ聞及ハス候尤人医開（業）
ハ獣医開業ト可成平行候方適当ト
被考今日貴邦ノ如キ既ニ人医開業□
女子ニ許可セラルゝ上ハ獣医ノ如キモ小（動）
物（例ヘハ犬猫治療ノ如キ）ハ女子ニ開業（許）
セラレ候而可然歟之旨申出候間左様（承）
知相成度此段回答候也

年月　　幹事名

獣医課長

村上要信　殿

②

畜産第五号

客歳第二十八号ヲ以獣医□
規則御達相成右試験□
□就而は仮令婦人タリト雖モ□
験願出候節は試業之上合格□
ハ開業差許候類例等欧米各国
中ニハ有之候哉本邦之□
未□事□壱人出願者ハ無□
候得ハ□調度候間□
□
□

十九年一月九日　獣医課長　村上要信　印

駒場農学校

幹事　柘植善吾殿

③

獣医課長ヨリ畜産第五号ヲ以テ□
二十八号ヲ以テ獣医免許規則御達□
該期モ漸次切迫候ニ付而ハ仮令婦人タリトモ試
験出願候節ハ試業之上合格者ハ開業□
許候類例等欧米各国中ニ之有□
ニ対シ教師ヤンソンヘモ篤ト問合セ候処独乙
仏蘭西ノ両国ニテハ人医及ビ獣医トモ婦□
差許候成規無之候得共露西亜瑞西北米合
衆国□ハ人医開業ヲ婦人ニ許スノ成規
□間□開業出願者婦人□
許可□ナルベシ歟然レトモ□欧□
獣医開業候者ハ壱人モ無之趣ニ候尤モ獣医開
業ノ事ノ如キハ可成ハ人医開業ト平行スルヲ（適）

当トスル事故本邦ノ如キ既ニ人医ノ開業ハ婦人ニモ許可相成候事ユヘ獣医ノ如キモ小動物例ヘハ犬猫（治）療ノ（如）キハ婦人ニ出願者有之（試験）合格之上（ハ許）可相成□モ可然也トノ趣ニ有之候右取（調）候儀申上候也

獣医学科

明治十九年一月廿日　助教　杉田　武

幹事柘植善吾殿

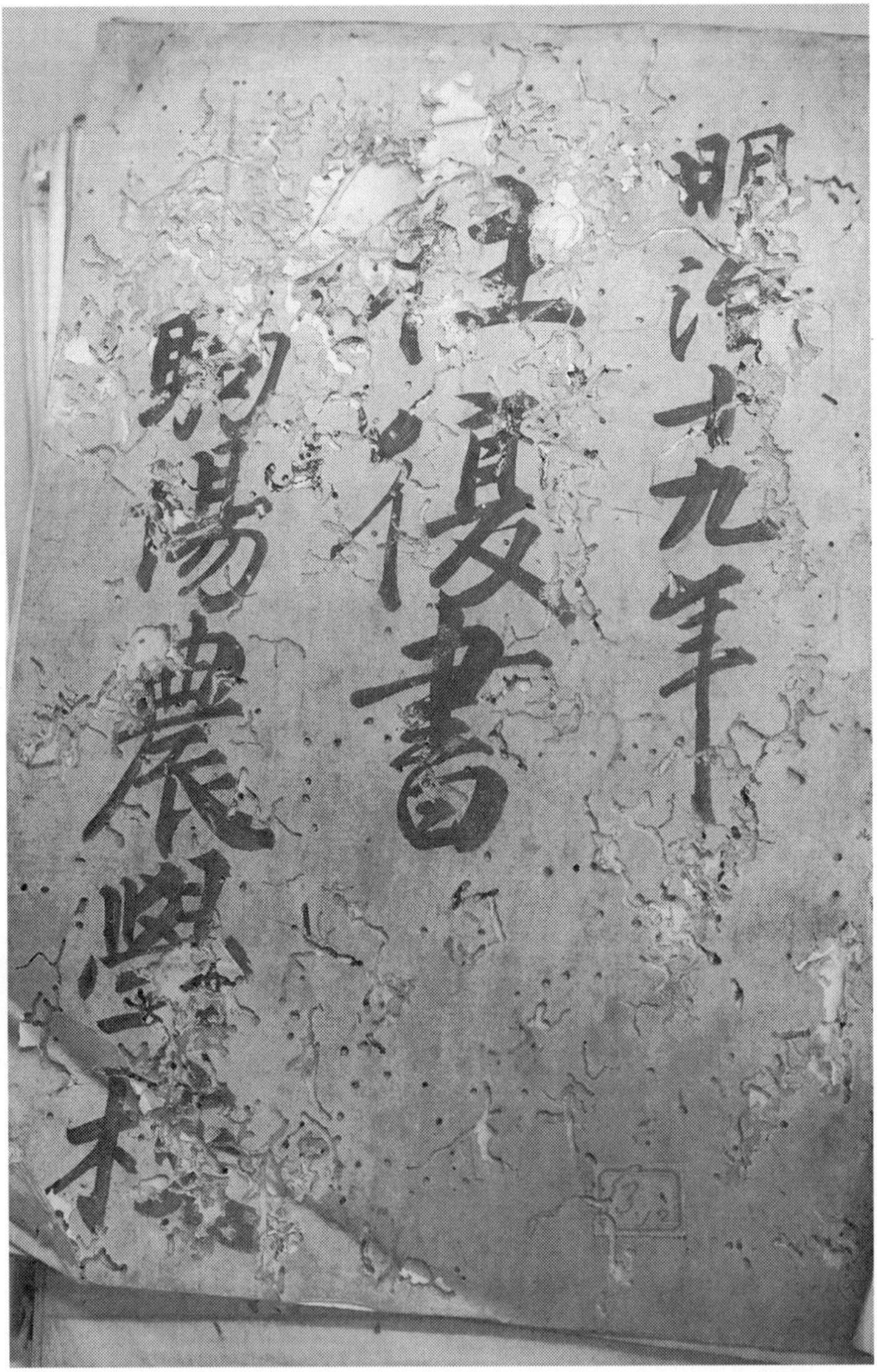

簿冊表紙

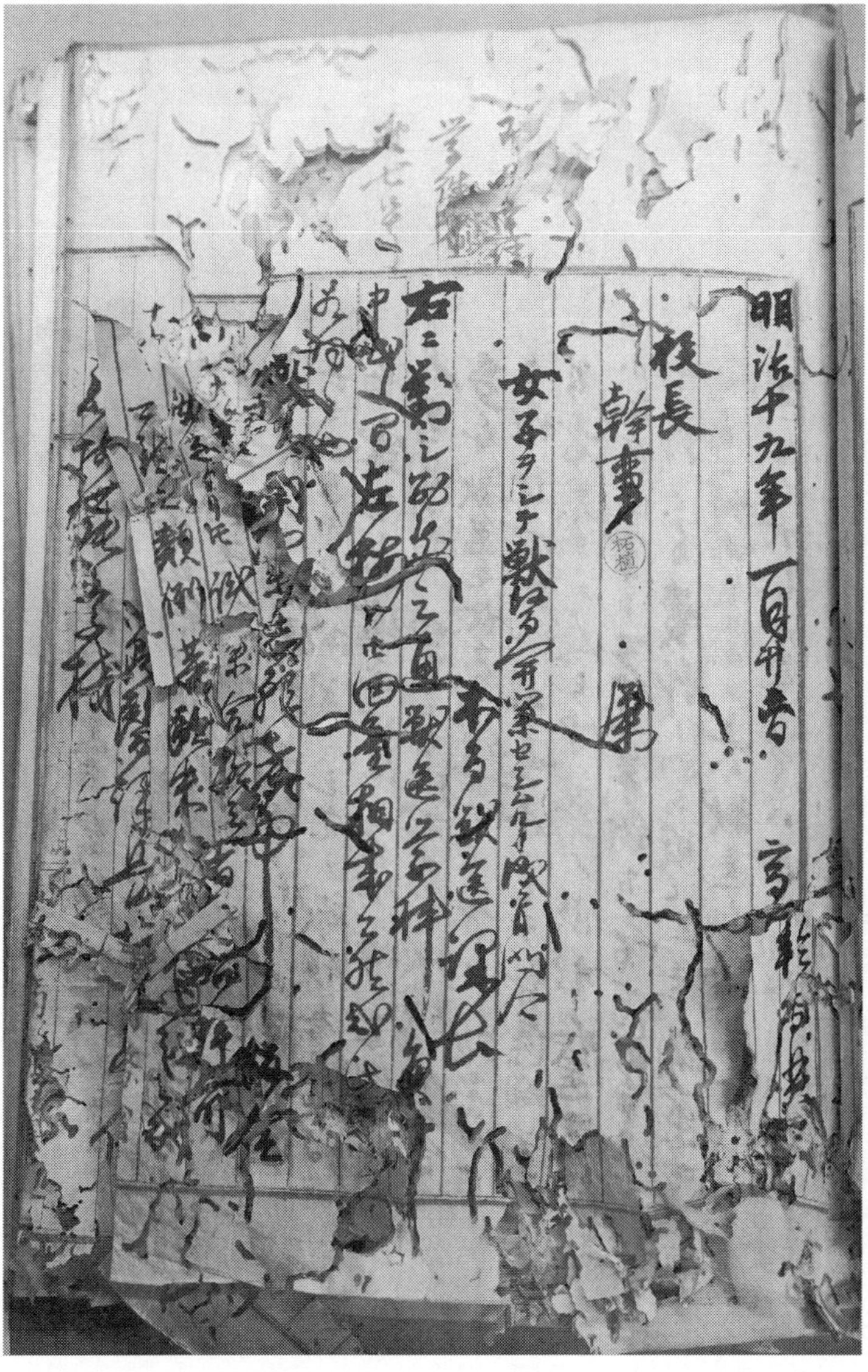

写真①

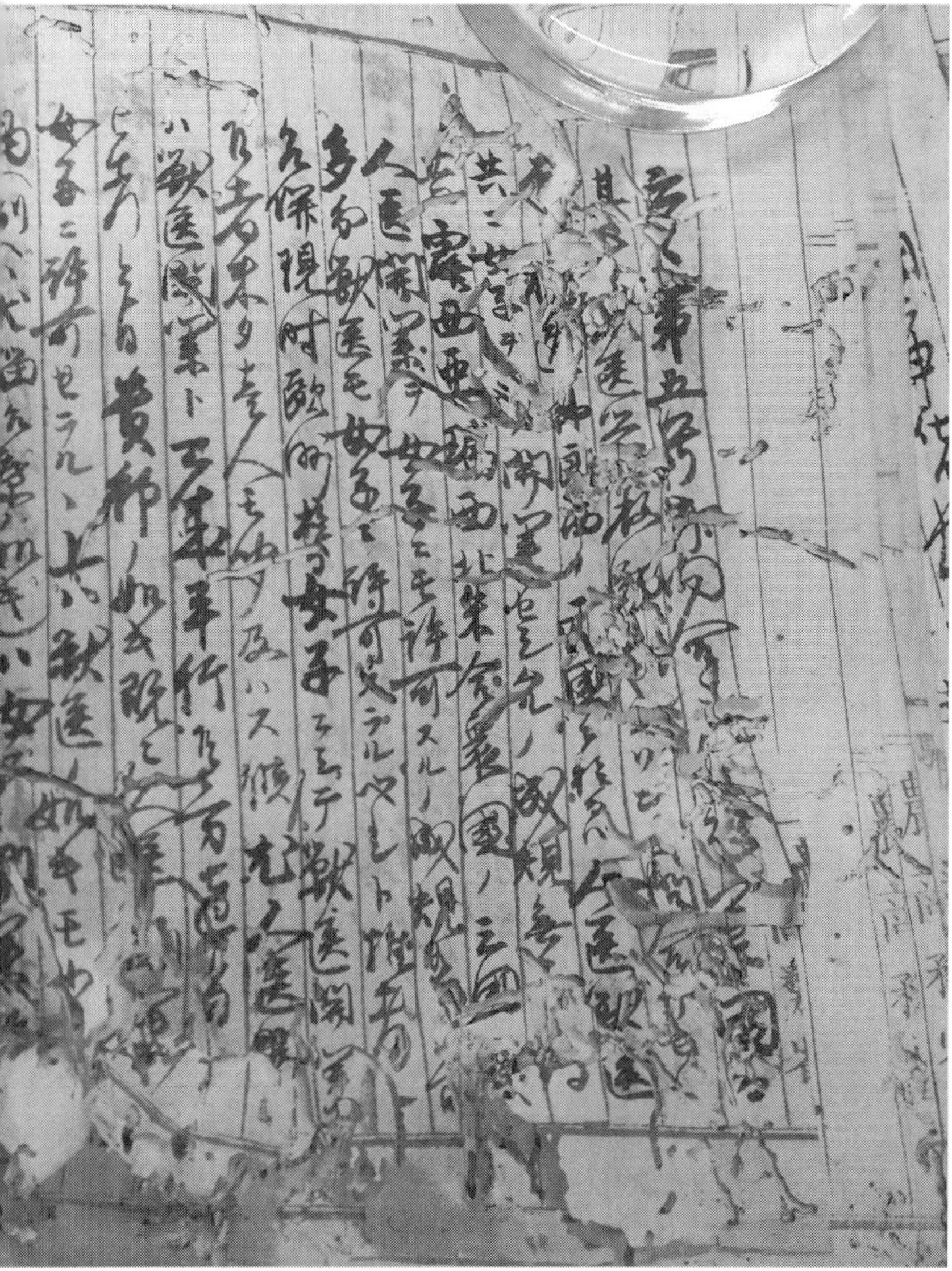

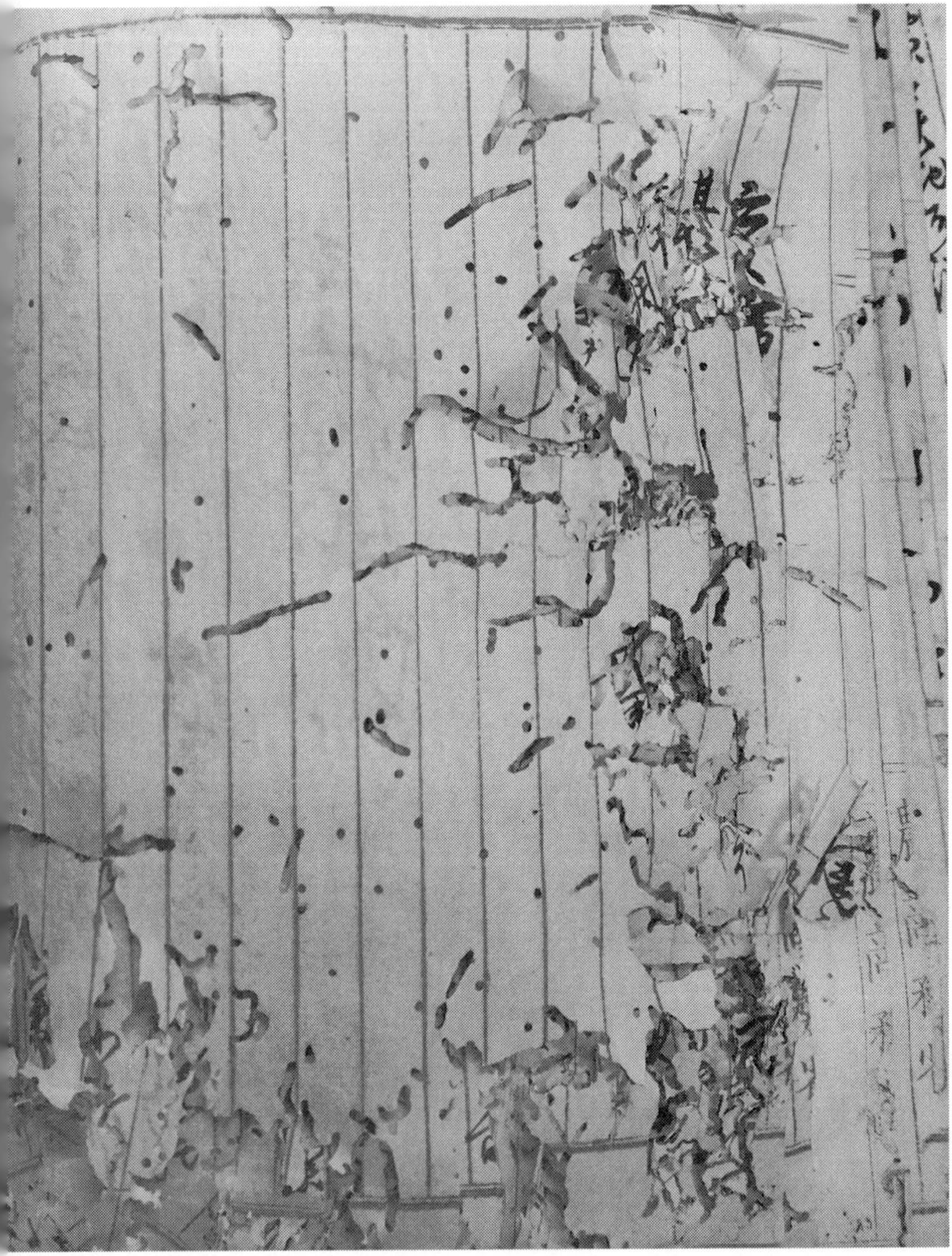

写真②

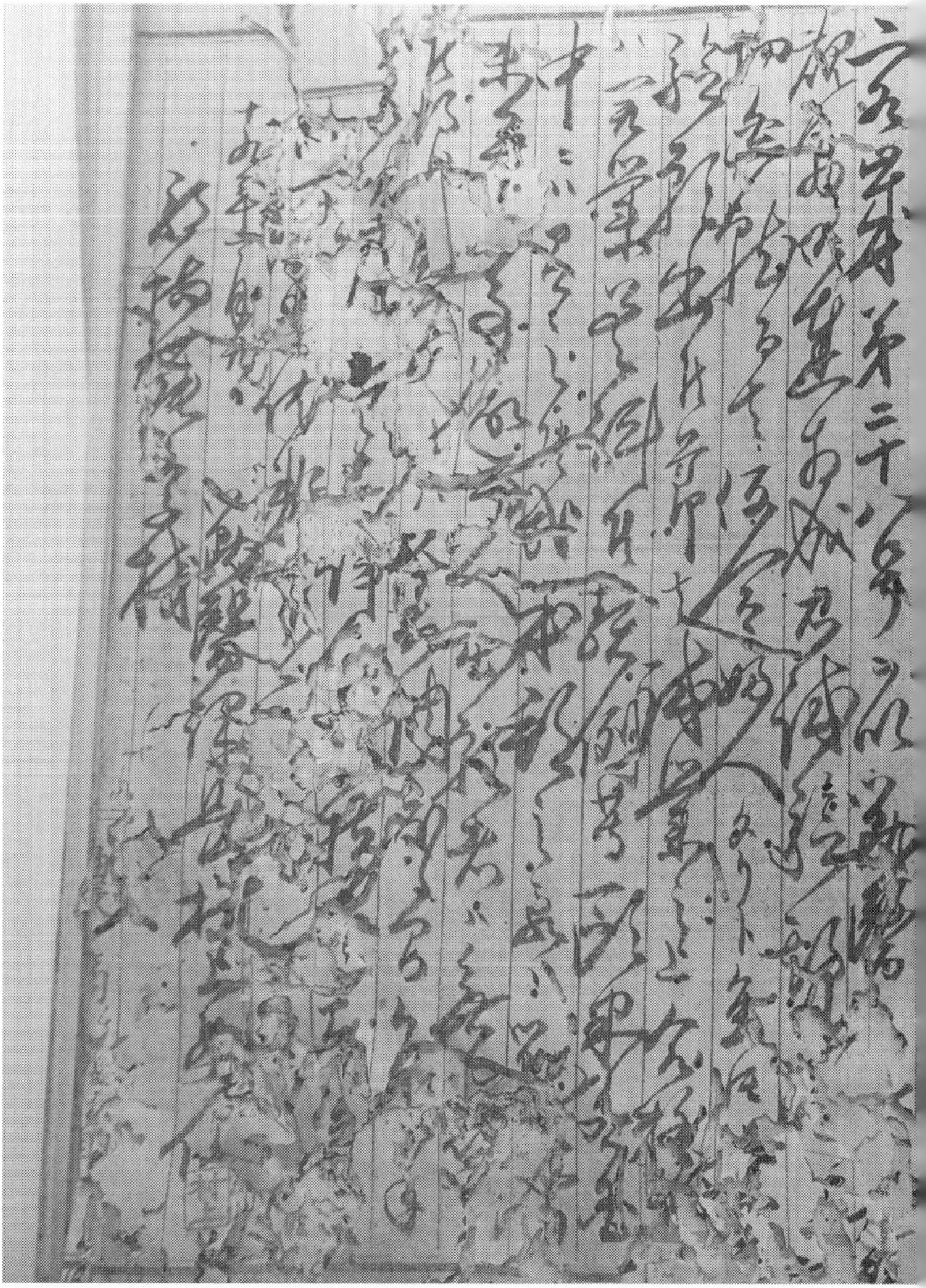

写真③

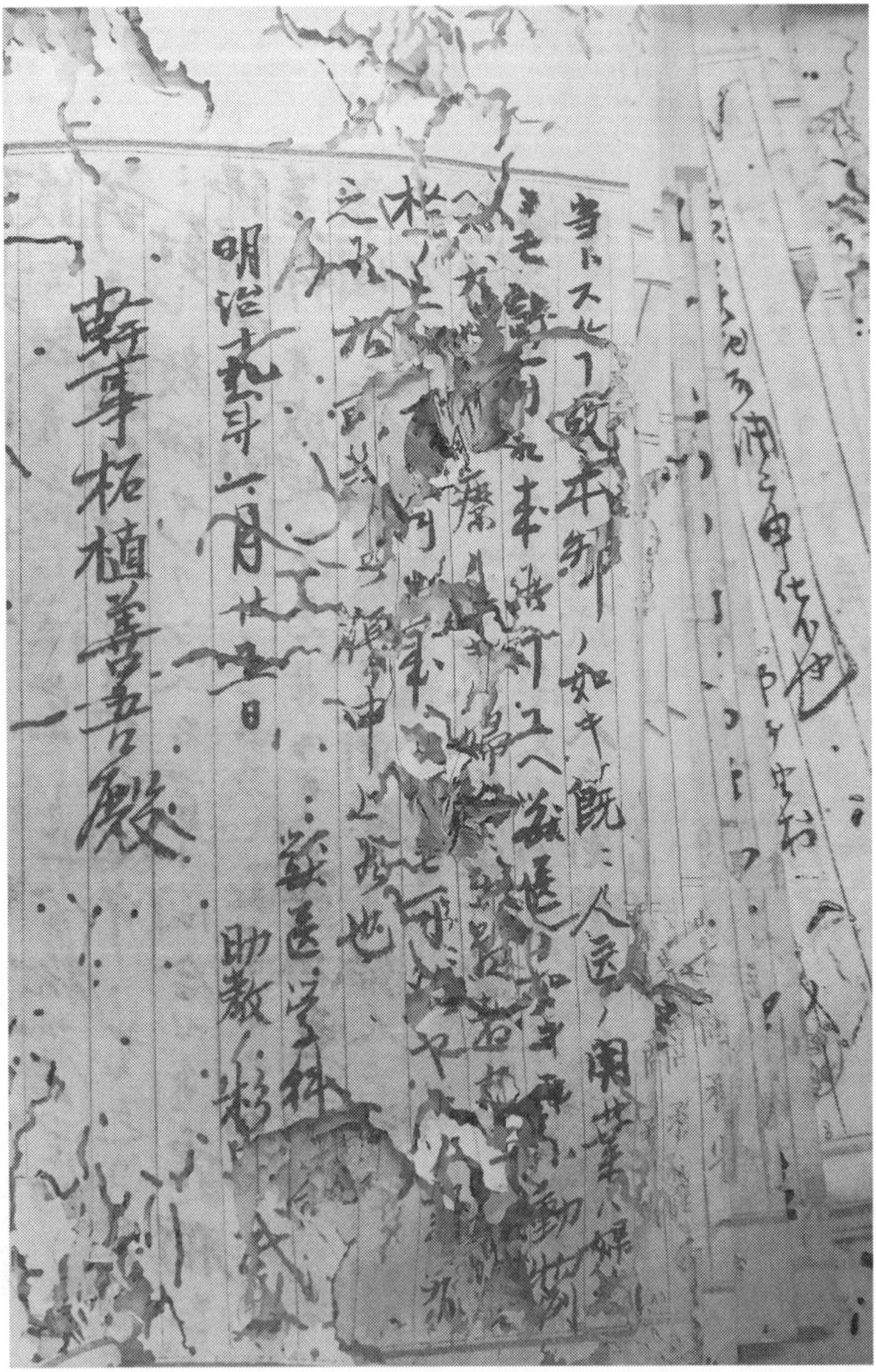

（以上、すべて筆者撮影）

女性獣医容認の論理　③の文書では、獣医学科助教杉田が欧米の獣医事情について、ヤンソンへ問い合わせ、その聴取結果を次のようにまとめています。

・ドイツ・フランスでは、人医も獣医も女性を許可する規則はないが、ロシア・スイス・北米では獣医開業を女性にも許可する規則がある。

・獣医開業は、なるべく人医開業と同時に進めることが適当である。

・日本はすでに人医開業は女性へも許可されていることから、獣医も小動物、例えば、犬・猫の治療のようなものについては、女性が受験し合格した上は、許可することも当然である。

杉田文書は虫食いにより判読不能の箇所が多々ありますが、その部分については①の柘植文書により補完することができます。

・ロシア・スイス・北米では人医開業を女性にも許可する規則があり、おそらく獣医も女性に許可していると推考できる。

・現時、欧州において女性の獣医開業者は一人も聞いたことはない。

・人医開業は獣医開業と同時に進めることが適当と考えられる。
・今日、日本のようにすでに人医開業を女性に許可した上は、獣医の如きも小動物（例えば犬・猫治療のような）は女性に開業を許されることが当然である。

これら二人の文書から考察するに、女性獣医容認の根拠は極めて論理的です。ポイントは大きく五つにまとめられます。

・女性といえども試験に合格すれば、開業を許可すべきである。
・女性獣医は欧米にも開業例がある。
・日本ではすでに女医がいるので、女獣医がいてもよい。
・小動物治療は女性へ許可してもよい。
・人医と獣医の開業は同時に進めた方がよい。

注目したい点は、当時欧米でも女医および女獣医の開業について成規を有している国は稀であったという点、また、日本での女性獣医容認の根拠として女医の存在を挙げている点です。

特に、日本では医業を女性へ許可していることを引き合いに出し、女性獣医が小動物を診ることを提案した点は興味深いです。後述しますが、後に創設された家畜病院でヤンソンらが治療した動物には、小動物も含まれました。当時、軍馬としての馬は陸軍獣医あるいは蹄鉄工、家畜としての牛馬などの大型動物は一般獣医が取り扱っていたことを考えれば、犬や猫などの小動物治療は、女性獣医に許可してもよいのではないか、という発想が生じてもおかしくはないでしょう。

注

1　『明治十九年　往復書　駒場農学校』(「農学部前身組織関係資料」S0026-0031, 東京大学文書館柏分室所蔵)。

3　日本における女性獣医のはじめ

幻の女性獣医第一号　ところで、日本では女性獣医はいつ誕生したのでしょうか。これまで女性獣医については、明治期に京都府で誕生したという記述があることは知られていましたが、一九九〇年に発表された長尾壮七[1]による女性獣医出現時期の検討では、そのような事実は確認されませんでした。正式な女性獣医は、戦後の誕生となります。

長尾はまず、明治期京都で誕生したという根拠である『明治事物起源』「女医の始」の一文、「十九年三月、京都府戸田宮某の妻、獣医の免許を得たり。之を女獣医の始となす。[2]」の真偽を確かめようとしました。しかし、長尾の丹念な調査研究にもかかわらず、明治期の合格者に名前は確認できませんでした。長尾は「明治期には正式な女獣医は存在しなかったということが言える」と結論づけ、このような「記録の間違い」が生じた原因として、「馬医あるいは博労であった戸田宮某の妻が受験をしたが合格はできなかった。しかし、女性が獣医開業試験を受けたという情報だけが残り、それが明治文化研究会の編集者のところへ来るまでに合格となってしまったのではないだろうか」と推測しました。長尾は日本で「女性獣医師が誕生するに至った経緯は、やはり、敗戦によってもたらされた男女同権の思想と、憲法による職業の自由による保護が曲がりなりにも確立されたことが大きい意味を持つ」と述べ、法に認められた第一号の女性獣医師誕生は一九五〇年に鹿児島農林専門学校を卒業した女性であったと紹介しています。最初の女性獣医誕生には、やはり獣医学教育の修了が必要でした。

では、女性が獣医学教育に正式に入学できるようになったのはいつ頃からでしょうか。

獣医学校への女子学生入学　大正七年（一九一八）九月一三日付読売新聞に「前例なき婦人職業の希望　犬や猫や狆を取扱ふ女獣医　◇獣医学校空前の女学生[3]」として、獣医学校への女子学生入学が大きく取り上げられています。次に、記事全文を引用します。読みにくい文字には改めてふりがなをつけました。

大戦《たいせん》の結果《けっか》倫敦《ろんどん》では女獣医が立派な一つの婦人職業となって、軍馬に対する恐ろしい荒療治も平気で婦人がやって゛ゐ《い》ますが、我国では普通の女医こそ珍しくありませんが、未《いま》だ女獣医は一人も現れて居《お》りません。此事《この》に就《つい》ては数ケ月前本欄に東京獣医学校長の談話を掲載して置きましたが、当時校長のお話では、牛馬の如《ごと》き大動物を取扱ふ事はどうも我国の婦人には未だ不適当でせうが、犬猫狆《ちん》などのお医者さんは婦人の職業として寧《むし》ろ面白《おもしろ》からうとの事でした。果然《かぜん》その記事に暗示を得て、犬猫の如き小動物の獣医を志願する婦人が、最近二名まで現れて参りました。其《それ》は目下高輪家畜病院に看護婦を勤務中の岡本けさを（二〇）大津ちよ（二〇）の両女で、岡本は看護婦の免許状を有《も》つてゐ《い》るさ《そ》うですが、両女とも去十一日市外下渋谷東京獣医学校獣医科一年に入学を許され、十二日の授業始めには蹄鉄《ていてつ》の時間にも殊勝に出席して修学してゐましたが、入学当時校長から将来の希望を訊《たづ》ねられた際、両女とも犬猫を取扱ふ家畜病院の女医になり度《た》いのだと申したさ《そ》うです。尚《なお》呉市からも高等女学校卒業の某《ぼう》女より同校二学年に転学したき旨申越したさうですが、之《これ》は校規に依り入学を謝絶したさうです。兎《と》に角《かく》之《これ》で我国の婦人職業にも一つの新生面が拓《ひら》かれる訳《わけ》であります。

記事中「大戦」とあるのは一九一四年から一八年の第一次世界大戦のことです。英国ロンドンでは出征した男性に代わり、女性が数多くの職業へ進出しました。ロンドンでは軍馬を取扱う女性獣医もいましたが、日本ではいまだ女性獣医は誕生していませんでした。記事では、我国の女性には牛馬のような大動物は不向きだが、犬や猫、狆などの小動物の獣医は女性の職業として面白いのではないか、という東京獣医学校長の話を引用しています。数か月前に掲載されたこの校長の談話に触発されて、小動物の獣医志願者が出現したというのです。

この関連記事は、当時の女子学生の雑誌『女学世界』にも紹介されています[4]。「我国最初の女獣医」と題し、東京獣医学校へ編入学した二〇歳の女性二名が紹介され、女獣医が「婦人の新職業」として注目されています。記事の最後に、「獣医は婦人に適当か」と疑問を投げかけ、「小動物を扱ふには、細心で柔和な婦人の方が男子よりも数等優れてゐることは確かですから、女獣医として立つには主として此の方面に発展するのが最もよろしいと思ひます」と結んでいます。女性獣医の治療対象を「小動物」臨床に向いているとした点は、前出の新聞記事と共通しています。東京獣医学校入学資格は、獣医科及び獣医学専修科は年齢一四歳以上の高等小学校卒業者またはこれと同等以上の学力のある者で、試験科目は国語、算術、日本歴史、日本地理、理化学の五科目です。蹄鉄科は年齢一八歳以上の尋常小学校卒業者で、無試験で入学を許し、それ以外の者は試験の上採用と定められていました。

欧州では第一次大戦を境に女性獣医の出現がかなり多くなったということになりますが、日本では大正期には女性獣医は出現しませんでした。いずれにせよ日本では、女性獣医誕生以前に、女性には小動物治療が適当、との認識が定着していました。『女学世界』の婦人記者の記事には、女性には牛や馬のような大動物を取扱うのは困難、女性は「細心で柔和」な性格が小動物に向いているという自らのジェンダーバイアスがうかがえます。

家庭の女性たち　婦人の職業を意識した記事としては、明治二二（一八八九）年一月の『牧畜雑誌』第六号に米国農家の婦女子の養鶏業が紹介されています。同年五月には、この記事に触発された伊勢の日本人女性から「養鶏業は米国では婦女子の仕事なり」との投稿[5]があり、農家の牧畜業への婦人参加を称賛するコメントが添えられています。家庭の女性たちと家畜との関わりは家計扶助あるいは家業の一環として、次第に身近なものとなっていきます。しかし、家庭の女性にとって、まだ職業としての女性獣医はイメージは定着していなかっただろうと思います。

欧米の女性獣医第一号　獣医を巡るジェンダーバイアスは、欧米にもありました。先行研究を見てみましょう。イヴァン・カティックは「女性獣医のパイオニア[6]」と題する論文の中で、世界の国々における獣医学教育および女性獣医の誕生について、時系列的にリスト化しています。カティックによると、一八世紀に創設された獣医学は、最初の一二五年間は男子学生のみ。一九世紀後半になると、ようやく女性が進出してきます。しかし、そもそも当時ほとんどの大学で女性の入学は許可されていませんでした。その理由として、女性は卒業しても職がない、また大動物は女性の研究対象ではないというのが理由でした。女性獣医の誕生は欧米においても男女同権以前は大きな制約があり、その誕生は第一次大戦後の女性参政権獲得後になると先行研究は結論づけています。前出の長尾論文よると、日本ではさらに遅れて第二次世界大戦後に、獣医学教育を修了し獣医免許を取得する女性が出現しています。

世界で最初の女性獣医について、明治二六（一八九三）年の『中央獣医会雑誌[7]』に、獣医第一号は官立獣医学校で学んだスイス人女性であると紹介されています。すなわち、獣医に到底ふさわしくないと思われていた「体力薄弱ナル女子」が初めて開業獣医となったのは、一八八九年にスイス・チューリヒで官立獣医学校を卒業した「少女クルスチェウスカ」でした。その後同校卒業生「少女ダブロウィルスカイ」がロシアの大学で獣医官試験に合格し、南ロシア郡の獣医官に任命されたということです。

女性でも獣医養成の専門課程を経て試験合格の上、獣医になるというコースです。このように、欧米の女性獣医誕生の時期を考えると、明治一九年における第一回獣医開業試験への女性受験者の許可と女性獣医容認は、世界的にみても先駆的な方針であったといえます。小動物治療の女性獣医誕生計画が実現していれば、日本は世界初の女性獣医誕生国として後世に名を残したかもしれません。

医師開業試験の女性容認論との比較　日本の女性獣医容認の理由として、日本には人を診る女医もいるので、動物を診る女獣医がいてもよい、という論理を挙げていましたが、医術開業試験への女性参加の道のりが困難なものであったことは想像にかたくありません。獣医開業免許試験への女性容認の論理を考える上で、駒場農学校の教員らが既得権として掲げた「女医」について、明治女医の研究で成果を上げている三﨑裕子の論文[8]から、女性の受験許可における論点を整理して見ましょう。

三﨑は、女医認可について内務局衛生局から委嘱され審議を行った中央衛生会の当時会長であった細川潤次郎の関係文書『吾園叢書』を分析・考察しています。明治一四（一八八一）年六月二〇日に臨時会として開催された会議には、陸軍軍医総監、海軍軍医総監らの他、東京大学教授ベルツ、前陸軍医官ブッケマの六名の委員が意見を述べています。この会議でベルツ以外の委員が理論上は女医を容認したことに対して、ベルツは「女医を認めることに強硬に反対した」ことが明らかにされています。ベルツの疑問は、まず女子の医学教育の有無でした。すなわち、次の四点です。

・女医は日本に従来あるものなのか。

・日本に従来あるものならば、教育、学校などは設置されているのか。
・学科規則は男子と同じか。
・女子は、男子と同じ権利を与えて医学全般の教育を受けるものとするのか。

これらベルツの質問に対する会長細川の答えは、こうです。太古は女医博士の称が存在し、教育法もありましたが、その教育法廃止後は官許の女医というものはありません。ただし家伝療法、薬法と唱え父や夫から方法を学び営業しているものが間々あります。明治維新後、西洋医学を採用して医学校の開設はありましたが、女子医学校の設置はありませんでした。そして、近年になりようやく東京・京都・兵庫・長崎等から女医開業免許を請う者が出てきたという訳です。ベルツの疑問は細川の回答により解決されましたが、ベルツはさらに自身の体験から、高等教育を求める女性の資質や男女同校で生じる弊害などを問題点として提起しました。

風紀が乱れるという反対意見は、日本人の委員からも同様の発言がありました。同様の意見は欧州でも第一次大戦、第二次大戦後まで根強く残っていました。近代女医に関するジョエルの研究[9]では、欧米を中心に女医誕生までの苦難の道をうかがい知ることができます。例えばフランス女性で最初の医学博士となったマドレーヌ・ブレが大学の講義に参加した際に、教授たちが最初に抱いた不安が、学生たちの素行の乱れであったといいます。

細川潤次郎関係文書には、「女医開業許否之議[10]」と題する文書も収められており、一部の委員と同様に理屈では許可すべきとわかっていても、男女の違いなどを理由に、女医を許絶する意見があったことがわかります。

今一女子ノ志願ニヨリ。女医ノ開業ヲ許サハ。諸方ニ同類ヲ生スル必多ヲシ。若シ登第者多キトキハ。彼女子天賦ノ責任ヲ遺シ漸ク柔順ノ風儀ヲ壊ル弊端ヲ開キ。若シ登第者少キトキハ。畢生ノ方嚮ヲ失フノ女子多キヲ致ス。故ニ今日ニ当テハ。姑ク理論ニヨラス。教育ノ利害ニ本ツキ。女医ノ開業ヲ許サス。漸ク数年ヲ経テ。各地方学校ノ教旨人心ニ通徹セハ。（不幸ノ女子ヲ除ク外）医学免許ヲ請フ女子ナキニ至ン。抑他年本邦ノ文化今日ニ倍進セハ。又其勢如何ニ至ルヲ知ラズ。

万一理論ニヨリ。女医開業ヲ免除スルニ至ラハ。男子ト同校スヘキニ非ス。更ニ女教師女医学校等ヲ設ケサル可ラス。欧州開化ノ国。女医開業免許ノ国多シト聞ク。又女医ノ事ニヨリ利害ノ沿革多キヲ聞ク。浅識ノ某。之ヲ外国ニ徴シ論スルノ見識ナシ。縦使欧州良規則アルモ。今日ノ本邦ニ於テハ。之ヲ許サヽルヲ以テ至当ナリトセン。

理論的には開業許可は正論だが、教育の利害を考えれば反対であるというものです。女性獣医の検討の際には、このような理屈、このような反対論は全く出された気配はありません。また、ドイツ人御雇教師ヤンソンからも、女性獣医の教育は風紀を乱すなどという意見は聞かれませんでした。むしろ、女医の存在を既得権として、小動物治療を取扱う女性獣医を積極的に活用しようという前向きな姿勢が見い出せます。

注

1　長尾壮七「日本における女性獣医師出現時期の検討から最新の動向まで」（『科学史研究』第Ⅱ期第三四巻第一九六号、一九九五年冬、二五二〜二五七頁）。

2　「女医の始」（明治文化研究会編『明治文化全集　別巻　明治事物起源』一九六九年、一一二六頁）。

3　「前例なき婦人職業の希望　犬や猫や狆を取扱ふ女獣医　◇獣医学校空前の女学生」（『読売新聞』大正七年九月一三日付よみうり婦人附録）。

4　「我国最初の女獣医」（『女学世界』一一月号第一八巻一一号、博文堂、一九八一年、一二一〜一二三頁）小山静子監修『女学世界』大正期復刻版㊷大正七年一一月〜一二月、柏書房、二〇一五年、一六五〜一六七頁。この記事全文は『Twig's』（第四六号、日本大学獣医学会、二〇〇〇年、一四〜一六頁）に掲載されている。

5 『牧畜雑誌』第一〇号、明治二二年五月五日、九頁。

6 Katić, Ivan. Pioneer female veterinarians. Rad 511. *Medical Sciences* 37(2012)：137-168.

7 「女獣医」(『中央獣医会雑誌』第六号、明治二六年、七八頁)。

8 三﨑裕子「『近代的明治女医』誕生の経緯と背景―『吾園叢書』所収の一八八一(明治一四)年『中央衛生会臨時会議事録と』と内務省衛生局史料より―」(『日本医史学雑誌』第六一巻第二号、二〇一五年、一四五～一六二頁)。三﨑論文で翻刻・分析された細川の演説「許女医行業議」は、幕末明治の知識人の論理的思考ならびに女医が日本社会において果たしてきた役割がうかがえ、興味深い。

9 コンスタンス・ジョエル「医の神の娘たち―語られなかった女医の系譜―」メディカ出版、一九九二年。

10 「女医開業拒否之議」(「吾園叢書」二〇、明治一五年、国立国会図書館デジタルコレクション)。

4　女性獣医容認の背景

明治一九（一八八六）年一月、女性の獣医開業試験受験は、駒場農学校獣医学科教員らの意見に基づき、小動物治療の担い手としての期待を背負い、すんなりと容認されました。すでに医業が女性へ門戸を開いていたため、それに倣ったともいえますが、果たしてそれだけの理由だったのでしょうか。女性獣医容認の背景について、当時の政治・社会の状況から多角的に検討してみましょう。

全国的な獣医不足と伝染病の発生　まず第一に、全国的な獣医不足が挙げられます。表1に明治一六（一八八三）年一二月三一日調査の「医師・産婆・獣医[1]」の数を抜き出しました。獣医の数は、医師・産婆に比べると圧倒的に少なく、特に東京、京都、大阪など都市部での不足が目立っています。

近代獣医学教育と研究を兼ね備えた獣医養成機関としては、駒場農学校（前身の農事修学場）や陸軍馬医学舎、各県獣医学校が挙げられますが、いずれも、まだ全国を網羅するような数の卒業生は輩出していませんでした。なかでも、駒場農学校と陸軍馬医学舎はいち早く近代獣医

表 1 「医師・産婆・獣医」人数（明治 16 年 12 月 31 日調）

府県	内外科（医師）	産　婆	獣　医	備考
東京	2,772	505	62	眼科 48
京都	875	639	100	口科 14
大阪	1,580	1,644	124	産科 40
岐阜	794	1,566	347	
秋田	555	176	224	

明治 16 年 12 月 31 日調「医師産婆及獣医」（『衛生局年報第 5 巻』復刻版、1992 年、原書房、395 ～ 397 頁）から抜粋作成

の養成に取り組み、前者は英国からドクター・マクブライド、後者はフランスからアンゴーら馬に熟練した専門家を招聘しています。これは内務省長官の大久保利通の方針に沿ったものです。殖産興業をかかげて、駒場農学校獣医学科分科でもある下総牧羊場でも、牛馬などの育成や研究をしています。他方、家畜としての牛馬、豚、鶏の頭数も増加し、農作業に使用される一方で、食用としても需要が徐々に高まっていました。特に牛については、牛乳、チーズ、コンデンスミルクなどの加工品が普及してきました。また、明治一〇年代に全国的に拡大した家畜の伝染病は、職業としての獣医の重要性を一層高めることとなりました[2]。

獣医不足に加えて伝染病流行という事情からも、とりあえず女性へ獣医開業試験受験を容認し、牛や

馬などの大動物ではなく、犬や猫などの小動物治療の担い手とする計画を考えたのではないでしょうか。ヤンソン自身も家畜病院で犬の治療に積極的に携わっていたことを思えば[3]、女性獣医の小動物臨床は、ジェンダーバイアスからではなく、将来性を見越した先見性のある提案だったといえます。

獣医資格の制度化と組織化　第二に、獣医免状および獣医学教育がこの時期、農商務省の管轄下で急速に組織化されていったという背景があります。農業・林業・鉱業などはそれまでは内務省勧農局が管轄していましたが、規模拡大により、明治一四（一八八一）年に農商務省として独立しました。これを契機として、殖産興業につながる様々な分野が農商務省の管轄下で整備されました。同様に、獣医関連も農商務省の下で制度化、組織化されていきます。

獣医開業試験規則が制定された明治一八年八月前後を見ると、まず明治一四年二月に「獣医取締及獣畜衛生事務ノ儀以来勧農局ニ於テ取扱候条為心得此旨相達候事[4]」と、内務省の達しがありました。明治一二年に内務省へ出された勧農局の文書には、獣畜伝染病についても触れ、近代的な獣医養成の重要性と、また一連の業務が獣医教育を管轄下におく勧農局が統括することの必要性が記されています。明治一四年四月に農商務省が設置されると、農商務省職制[5]の第一として、獣医に関する法令の施行を保持監督することがかかげられました。これにより、獣医開業規則についても、農商務省が管轄するということになりました。

獣医開業規則が制定される前年に、栃木県から県の獣医開業規則の制定について伺書《うかがいしょ》[6]が出ています。前述しましたが、試験科目は病獣治療法大意、薬剤大意、家畜取扱法大意の三科目です。栃木県でも家畜伝染病の対応として、獣医開業を許可制にしようと動いたものと思われます。これに対し、農商務省では、獣医規則制定まで待つように指示し、明治一八年八月には国としての獣医開業試験規則を制定しました。国の試験科目は五科目、すなわち、家畜解剖学、生理学、薬物学、内科学、外科学で、かなり専門性が高い科目名となっているのが特徴です。このように、国家資格としての獣医開業試験を制度化し、農商務省の管轄下へと組織化し、そのコントロール下に置こうとしました。

獣医養成においても、獣医学教育を含む駒場農学校を拠点として高等農学教育機関体制の整備を進めていきます。実は、高等農学教育を巡っては、農商務省の管轄下にあった札幌農学校（明治一五年開拓使廃止により農商務省へ移管）と駒場農学校について、早くから文部省が傘下に収めたい旨を打診してきていました。すでにこの兆候は明治一四年に札幌農学校を管轄下に置こうと文部省が動いた時から始まっていました。これに対し農商務省は、逆に省管轄の大学校を構想し、駒場農学校のカレッジとしての体制強化に乗り出しました。その体制強化の一つが教育内容の充実でした。駒場農学校の教育全体のレベルアップを図ったのです。

駒場農学校の教育は、「学理ヲ実地ニ応用スルヲ教授スル」ことを目的とし、農務官や農業家、獣医あるいは農場管理者などに堪えうる学理と実業（理論と実践）とに通じた者を養成することにありました。ですので、女性獣医についても、開業試験に合格すれば開業を許可するという合理的な判断を可能としたのではないでしょうか。

明治一九年一二月、「獣医免許規則第五条内規ハ自今廃止ス」との達しにより、「獣医免許規則」第五条の内規、すなわち、仮開業免状授与についての内規が廃止されました。明治二〇年一二月調査では、獣医の半数が仮免状でした（表2）。試験を受けずとも経験を考慮して免状を授与するというイレギュラーな方法による獣医資格取得がなくなり、新たに獣医を志す者はすべて、近代獣医学教育を学ぶことが必要となりました。これにより獣医開業免状は、近代獣医学教育の下で学理と実習を修得した者が卒業（修了）証書あるいは開業試験合格により取得できる国家資格として、組織化されました。

しかしながら、このような制度の組織化は、獣医開業免状へのルートを近代獣医学教育に限定したために、かえって、志ある女性たちを獣医の道から遠ざけてしまうことになったともいえるのではないでしょうか。

表2　全国獣医人員（明治20年12月調）

府県	本免状所有者	仮免状所有者	計
東京	57	—	57
京都	12	17	29
大阪	12	51	63
神奈川	4	13	17
兵庫	1	85	86
長崎	5	54	59
新潟	13	109	122
埼玉	31	20	51
群馬	9	12	21
千葉	49	29	78
茨城	36	104	140
栃木	44	2	46
三重	4	44	48
愛知	12	23	35
静岡	15	—	15
山梨	2	38	40
滋賀	—	17	17
岐阜	7	58	65
長野	8	29	37
宮城	37	12	49
福島	63	94	157
岩手	31	1	32
青森	12	11	23
山形	23	33	56
秋田	31	3	34
奈良			
福井	7	5	12
石川	4	58	62
富山	5	5	10
鳥取	17	50	67
島根	—	67	67
岡山	11	78	89
広島	14	84	98
山口	11	26	37
和歌山	2	42	44
徳島	3	33	36
愛媛	26	—	26
高知	15	37	52
福岡	89	37	126
大分	40	77	117
佐賀	14	18	32
熊本	67	113	180
宮崎	2	153	155
鹿児島	56	—	56
沖縄	—	—	—
北海道	4	—	4
計	905	1742	2647

『牧畜雑誌』第2号（明治21年9月25日）17頁から抜粋作成
奈良県は「未た置県後の調査を得す」とある。

注

1　内務省衛生局編『〈明治期〉衛生局年報　第五巻』東洋書林、一九九二年、三九五頁。

2　ヤンソンは一八八一年から一八八六年にかけて埼玉県下で流行した馬疫撲滅に尽力した。（拙稿「越境する科学―獣医学教師、英国からドイツへ―」（日本独学史学会『日独文化交流史研究』二〇一七年号、一四頁）。ヤンソンは牛疫に関しても詳しかった（岸浩「ヤンソン先生の牛疫談」『獣医畜産新報』第七三五号、四一～四六頁）。

3　坂本勇「小動物臨床とヤンソン教師」（『獣医畜産新報』第五三〇号、七～一二頁）。坂本は「日本も文明開化に伴い多くの犬種が飼育されてくるので、獣医学徒には小動物臨床学についても、一層教育しなければなるまい―若いヤンソン教師の胸中には、明るい希望がつぎつぎ湧くのであった」（同前、七頁）と記している。

4　内閣記録局編『法規分類大全第一編　衛生門』一八九一年、三八二頁。

5　同前、三八三～三八四頁。

6　同前、三八四～三八六頁。

7　拙稿「欧米農学導入期における札幌農学校の教育―マサチューセッツ農科大学化学教授ゲスマン宛クラーク書簡を中心に―」（『大学史研究』第二九号、二〇二一年、一六八頁）。

8　同前、一六九頁。

9　「駒場農学校ノ目的」（『明治十七年一月至同十九年四月　座右標準』「農学部前身組織関係資料」S0026-0300　東京大学文書館柏分室所蔵）。

5　第一回獣医開業試験女性受験者　京都府綴喜郡大住村女医・田宮里宇《りう》

第一回獣医開業試験に果敢に挑戦した田宮里宇（リウ）とはいったい何者なのか、どこで獣医学を学んだのか、なぜ獣医を志願したのか、疑問はつきません。しかしいずれにせよ、婦人の職業として女性獣医を志した我が国最初の女性が存在し、第一回獣医開業試験を受験したことは明らかな事実です。

明治一九（一八八六）年から実施された獣医開業試験は、その第一回試験を三月の東京に続き、四月以降、大阪・富山・石川など全国数か所で実施しました。第一回獣医開業試験に日本初の女性受験者の登場となれば話題にならないはずがありません。

女性受験者第一号　明治一九年三月三〇日付『中外電報[1]』に「女獣医」と題した記事を見つけました。次に全文を掲載します。記事中、適宜ふりがなを付けました。

欧米諸邦に於《おい》ては婦人にして医を業と為《な》す者尠《すくな》からず人々敢《あえ》て珍奇とせざるのみならず却《かえっ》て之《こ》れを以《もっ》て婦女子適当の職業と為《な》すものゝ如《ごと》し然《しか》るに我邦に在《あ》つてハ古来婦人にして医師

となりし者は田舎医者の寡婦《かふ》か左《さ》なくば産婆の巧手なる者が纔《わずか》かに耳学問より習ひ得たる漢方の配剤を為《な》す位ひのものに過ずして絶へて世に名を知られたる女医師と云《い》ふ者とてハなかりしに爰《ここ》に山城綴喜《つづき》郡大住《おおすみ》村五十四番戸田宮久右衛門の妻リウ（四十三年七ケ月）と云《い》へるは先年来志を立て獣医学を修め頗《すこぶ》る勉強するとの風聞ありしが果して此程《このほど》に至り全《まった》く其《その》目的を達し充分成業せしを以《もっ》て今度大坂第一回獣医開業試験に受験の儀を出願したるよし古来我邦の婦女子にして医術《ママ》開業の試験を受る者ハ實《じつ》に此《こ》のリウ女一人あるのみ嗟呼《ああ》世の生を男子に禀《う》け然《しか》も四肢五管を具備し乍《なが》ら空手徒食《くうしゅとしょく》世間の居候《いそうろう》を以て目《もく》さるゝ怠惰漢少しく省みてリウ女丈夫に愧《はづ》る所《とこ》ろなきか

我が国で最初の獣医開業試験の受験願書を提出した女性は、京都府綴喜郡大住村（現、京田辺市）の田宮久右衛門[2]の妻リウです。リウは、

・先年来、志を立て獣医学を修め、熱心に勉強していた。
・この程、獣医学を十分に勉強したので、大阪第一回獣医開業試験へ出願した。
・古来我国の女性で医術開業試験（獣医術の誤りか）を受ける者はこのリウ一人である。

とあり、リウが獣医を目指して準備していたことがわかります。この記事の前半にあるよう

に、欧米と違い日本では女性が医業につくことは珍しく、昔から田舎医者の未亡人か産婆が耳学問で漢方の配剤をする程度で、世に名が知られた女性の医師はいませんでした。そのような状況の中、志を立てて獣医開業試験を受験しようとする女性が現れたことを記事は紹介し、何もなさずにいる世の男性たちに奮起を促しています。この記事には、リウがどこで獣医学を学んだのか、なぜ獣医を志願したのかについては記されていません。

世間の注目を集めた全国初の女性受験者の続報は、試験翌日の明治一九年四月六日付『大阪日報[3]』に掲載されました。

昨日大坂府議事堂に於て同試験を施行せられ兼て農商務省より出張の加藤惣氏ハ右試験主事に同府勧業課員藤江総吉氏ハ試験掛にて志願者ハ京都府女一人、兵庫県男一人、和歌山県男六人都合八人なりしが女子にして獣医の開業試験を受けたる者あるハ全国にて今回が始めてなりといふ左もある可し

この記事に名前のある農商務省加藤惣の大阪府派遣は、農商務省文書からも確認できます。藤江惣吉は大阪府からの派遣で、京都府からの官員の参加はありません[4]。同記事は四月九日

付『中外電報』へも引用されています。

（略）受験員ハ京都府一人（女子）和歌山県七人兵庫県一人にして女子にて獣医開業試験を志願せしものは日本全国中京都府に此一人ありしのみなるよし

と記され、京都府から女性がただ一人受験したことが判明します。

では、試験結果はどうだったのでしょうか。医術開業試験と同じく、獣医開業試験合格者も『官報』の「広告」欄に氏名が掲載されました。明治一九年五月一日付『官報[5]』に、

○本年四月大坂府下大坂高知県下高知福岡県下福岡ニ於テ施行シタル第一回獣医開業試験ニ及第セシ者ハ左ノ如シ　明治十九年四月二十七日　農商務省

大坂府　和歌山県平民　村岡久蔵

とあり、大阪府での試験合格者は受験者六名のうち和歌山県からの一名のみで、田宮リウの名前はありませんでした。この他、高知県士族二名、同平民一名、福岡県士族九名、同平民三二

名、佐賀県士族二名の計四七名の氏名が掲載されています。福岡県出身の合格者が多いのは、福岡に農学校が設置されていたことも大いに影響しているように思われます。

京都府で再受験　第一回獣医開業試験に不合格となった里宇は、その二年後に再チャレンジを試みます。明治二一（一八八八）年春に京都府で初めて実施される獣医開業試験に願書を提出したのです。京都府の行政文書に進達文書一式[6]が残されています。残念ながら、文書のほぼ半分は虫に食い荒らされ、破損しています。唯一、全文判読可能なのが、次に掲げる里宇直筆の願書です。

明治廿年十二月廿二日　綴喜郡大住村外二ケ村　戸長　吉田喜内 印

獣医開業試験願書御進達願

私儀今般

獣医開業試験相受度候ニ付履歴書相添江願書差出候間御詮議之上農商務大臣江御進達被

成下度此段奉願上候也

京都府綴喜郡大住村五拾四番戸住

明治二十年　　　　　　　平民　田宮り宇　印

十二月廿二日　　　　　　天保十一年九月卅日生

京都府知事　北垣　國道　殿

と、しっかりとした文字で書いてあります。願書に添付された履歴書は京都府を通じて農商務省へ提出されたものと推測できます。京都府は農商務大臣宛の次のような進達案を作成しています。

御進達案

獣医開業願進達之儀上伸

管下山城国綴喜郡大住村平民田宮り宇ヨリ本年四月当地ニ於テ挙行相成候獣医開業試験願別紙之通届出候付進達及候条御聞届相成度此段及上伸候也

年月日

長官

農商務大臣宛

この進達案には、朱書きで「扱済　一月十三日　印」と記されており、他の受験者と同様の手続きを経て、京都府知事から農商務大臣へ提出されたものと考えられます。しかし残念ながら、田宮里宇が京都府で再受験した形跡は見当たりません。また、京都府あるいは農商務省で里宇の再受験について議論したという文書も見つかっていません。里宇の再チャレンジがどうなったのかについては、新たな史料の発掘を待ちたいと思います。

獣医開業試験に果敢に挑んだ田宮里宇とは、どのような人物だったのでしょうか。数少ない関係資料から里宇の足跡をたどり、その人物像を明らかにします。

内科医・田宮里宇　田宮里宇の名前は大住村内科医として、京都府立京都学・歴彩館所収の文書二点に見い出すことができます。一つめは、明治一七（一八八四）年九月一一日付で内科医・田宮里宇から綴喜郡役所へ出された「出張診察所開設願[7]」です。これは隣接する地域に毎月隔日で通う出張診療所の開設を許可してほしいというもので、綴喜郡岩田村外二ケ村聯合戸長の吉田喜内も願書に承認印を押しています。二つめは、明治一九年一二月二三日付で内務大臣伯爵山県有朋の名前で京都府知事へ出された「医業停止」の訓令[8]です。停止の理由は不明ですが、「其府下綴喜郡八幡町平民医師井上徳三郎同郡大住村平民医師田宮リウ相楽郡菅江《ママ》村平民医師村田寛齊同郡兎並村平民医師中山周造各一ヶ月間同郡上狛村平民医師山科右門二ヶ月間医業ヲ停止ス」と記されています。

　これらの文書からは、里宇が内科医として地域でも知られた存在であったこと、地域の人々から信頼される医師であったことが読み取れます。

　ところで、里宇はいつ開業医の免許を取得したのでしょうか。すでに述べたように、医師開業試験は明治一七年八月から実施され、翌年には荻野吟子ら女性医師も誕生していました。里宇も医業開業試験を受験したのでしょうか。

　当時の医療関係者名簿である『帝国医籍宝鑑[9]』によると、開業試験を受けずに免状を取得した「従来開業医」の「京都府之部」に綴喜郡大住村在住医師として「田宮里宇」の名が記載されています。大住村では里宇の他に、北村康平、北村主馬の二名の名前があります。また、『日本杏林要覧[10]』には、

　田宮リウ　【〇〇十七年五月】京都平民、天保十一年生●烏丸通出水角桜鶴円町十九

とあり、生年と届出住所が掲載されています。生年から算出すると、医師免許取得は四三歳、獣医開業試験受験は四五歳の時になります。また、従来開業していたとなると、おそらく漢方医ではないでしょうか。届出住所は烏丸通りを挟んで京都御所の向かいになります。桜鶴円町には当時の建物は残っていませんが、現在の平安女学院の近辺になります。桜鶴円町のある上京には、伊藤仁斎《じんさい》が開いた学塾「古義堂」や曲直瀬道三《まなせどうざん》が開いた医学舎「啓廸院《けいてきいん》」など、幕末明治まで数多くの門人を輩出した塾があり、古くから学問と医療の街として知られています[11]。

里宇が桜鶴円町で医院を開いていたのか、内科医としてつとめていたのか、詳細は不明です。御所にも近いことから、御所に仕える女性たちを診療していた可能性は大いに考えられます。里宇がどこで医術を学んだのかとともに、今後の調査で明らかにしていきたいと思います。しかし、一つ疑問が残るのは、里宇と上京（桜鶴円町）、大住村との関係です。

そこで手がかりとなったのは、大住村が「旧来、公領又は淀藩や、京都の寺院の領地として錯綜し分属していた[12]」こと、すなわち、旗本天野氏、京都の曇華院などの領地であったということです。曇華院は室町幕府将軍足利義満の生母紀良子の母により創建された通玄寺に始まるとされ、足利将軍家、皇室出身の女性が入室し、尼五山の一つに位置づけられています[13]。

大住村では、曇華院との関係で帯刀を許された家があり、田宮家もその中の一つでした[14]。曇華院の世話もあり、利発な里宇が京都で何らかの方法で医学を修めたとは考えられないでしょうか。京都の曇華院と里宇との接点の有無にも今後着目していきます。

また、もう一つの手がかりは、綴喜郡普賢寺村出身の蘭学者藤林普山が一〇代で上京し、蘭和辞書『ハルマ和解』を編さんした稲村三伯《さんぱく》の随鴎塾《ずいおう》へ入門していること、普山の末妹トメが普山について医業を学び、女医として地域に貢献したことなど、綴喜郡の医業の系譜との接点です。同郡で育った里宇へ少なからずも影響を与えたとも推測できます[14]。

里宇の生い立ち　旗本天野氏の上方知行所四ケ村（山城国相楽郡祝園村、同郡菱田村、綴喜郡大住村、乙訓郡下久世村）の在地代官を勤めた森島家に村の宗門帳が残されています[16]。『嘉永二年 浄土宗旨男女人別御改帳 酉正月 大住村 南株[17]』の九郎右衛門家に「里宇　九才」という記載を見い出しました。生年が天保一一（一八四〇）年の里宇は、嘉永二（一八四九）年には数えで九歳。「里宇」という漢字も珍しく、田宮里宇と同一人物の可能性が極めて高いと考えられます。当主の九郎右衛門は、村の年寄を勤めています。嘉永二年の九郎右衛門一家は、当主の九郎右衛門（二七歳）、弟伊之助（二二歳）、妹じふ（一七歳）、妹里宇（九歳）、母こと（四三歳）の五名です。九郎右衛門は明治に九郎と改名し、橋本九郎を名乗った村の名主もつとめた人物と同一人物ではないかと思われます[18]。

当時の慣習として、村の娘が全く知らない遠方の地へ嫁に行くことはほとんどなかったことを考えれば、里宇が大住村の田宮家へ嫁いだとしても不思議はありません。

大住村と牛　里宇がどのような子ども時代を過ごしたのかはわかりませんが、綴喜郡では、稲作、茶業、酪農など農業を生業とする家が多く、家畜として牛を飼育していました。農用の牛はとても大事な労働力でした[19]。この地域には森や石碑の周囲を回り、牛の厄除け祈願をする「牛廻し」という行事が伝わっています[20]。大住村の牛は運搬用に比べて、農耕用が一般的でした。

京都府全体でみると、明治九（一八七六）年に、牧畜場蒲生野《こもの》出張所（府農牧学校）が開設[21]された影響もあり、牧畜と搾乳が盛んになり、明治一八年には飼育牛数百五十頭、搾高三百八十五石だったものが、翌年には飼育牛数二百頭、搾高四百八拾五と順調に増やしていました。明治十九年には「肉食漸ク行ハレ乳用益々加ハルヲ以て大ニ繁栄ス[22]」とあり、特に牛乳が小児の飲用として普及しました。

里宇が内科医として活躍していた明治一〇年代から二〇年代は牛の伝染病が流行っていたこともあり、人医だけでなく、獣医も兼務しようと志を立てたのではないでしょうか。

注

1　「中外電報」国立国会図書館所蔵。

2　田宮久右衛門は田宮九左衛門（芳蔵）の誤記か。『慶應元乙丑歳五月　禁裏御所公役人記録　山城国　名主中』（「澤井家文書」所収）澤井久左衛門以下十八名の名主名に田宮九左衛門の記載があります。橋本九郎右衛門（九郎）の名もあります。

3　「大阪日報」国立国会図書館所蔵。

4　「獣医開業試験委員姓名ノ儀ニ付照会」明治一九年二月二日付獣医課長村上要信宛学校幹事柘植善吾文書に大阪府藤江惣吉とある。京都府からのは記載はない（前掲『明治十九年　往復書　駒場農学校』）。

5　『官報』第八四七号、明治一九年五月一日。

6　『人民指令』明二一―四五、京都府立京都学・歴彩館所蔵。

7　『人民指令』明一七―三三―四、京都府立京都学・歴彩館所蔵。

8　『明治十九年　内達訓示　官房付書記』明治一九―一、京都府立京都学・歴彩館所蔵。

9　山口力之助編『帝国医籍宝鑑』南江堂、一八九八年、国立国会図書館蔵、二五五頁。『日本医籍』（一八八九年）には里宇の名は見つからない。

10 『日本杏林要覧』日本杏林社、一九〇九年、国立国会図書館所蔵、一五九頁。
11 上京区一二〇周年記念事業委員会編『上京区一二〇周年記念誌』二〇〇〇年、四四～四五頁。
12 西田直二郎『大住村史』一九五一年、一二四頁。
13 北爪寛之「国立公文書館所蔵『曇華院殿古文書』文書目録」(國學院大学栃木短期大学史学会『栃木史学』第二七号、二〇一三年、七〇頁。
14 「集落岡村の歩み」編集委員会『集落　岡村の歩み』一九九一年。
15 森納「藤林普山とその子孫、門人録」(普山普及会編『普山』第三号、一九九四年、五～四四頁)。
16 精華町教育委員会編『森島國男家文書目録』一、二〇〇八年、五五～六〇頁。「森島國男家文書」の解説は二二九～二三七頁、同『森島國男家文書目録』二、二〇一二年、一九七～二〇六頁を参照のこと。
17 『嘉永二年　浄土宗旨男女人別御改帳　酉正月　大住村　南株』(「森島國男家文書」A八六六)。
18 『明治貳巳年三月　御一新後公役記録　南山大住庄　郷士中』(「澤井家文書」所収)。
19 上杉和央編集・発行『京田辺市東地区　調査報告書』二〇一八年、非売品。京都府立大学文学部の学生・院生による京都府京田辺市東地区に関する現地聞き取り調査から、同地区では農作業のために牛を家畜としていた家が多かったことがわかる。
20 「牛まわし」京田辺市ホームページ。二〇二二年三月一七日閲覧。
https://www.city.kyotanabe.lg.jp/0000015946.html
21 京都府立総合資料館編『京都府百年の年表三　農林水産編』京都府、一九七〇年、六八頁。
22 京都府第一部勧業課『京都府第六回勧業統計報告』一八八九年、一一一頁。

6　女性獣医はなぜ誕生しなかったのか

近代獣医学への移行　獣医に限らず、明治一七（一八八四）年七月から施行された医術開業試験をはじめ、明治一九年には眼科医術開業試験、産婆開業試験が実施されるなど、明治一〇年代後半は、ヒトを治療する職業に関する開業免許資格が専門教育を土台として整備された時期です。獣畜を取り扱う獣医も、それまでの伯楽的な方式から西洋の近代的獣医学の学術重視への移行を図りました。第一回獣医開業試験では女性へも受験を許可しました。そこには従来の軍馬や畜牛などの大動物中心の獣医業に対して、犬や猫の小動物治療は女性獣医に取り扱わせるというプランがありました。理想は高く掲げられましたが、問題は当時まだ正規の専門教育機関は女性には門戸を開いていなかったということです。そればかりか、男女に関係なく、近代獣医養成に必要な専門教育が十分に整備されていませんでした。畜産と共に獣医学の実地教育に本格的に取り組み始めたのは明治一一年の下総牧羊場で、「当時、輸入された家畜は大変貴重なもので、下総御料牧場では、特に家畜の伝染病の治療が重視されました」[1]。明治一〇年代から二〇年代の獣医養成の最優先課題は、伝染病治療に対処できる学理と実践を兼ね備えた近代獣医の養成でした。第一回獣医開業試験が実施された明治一九年末に農商務次官から京都府知事へ次のような内訓[2]が出されています。

来明治二十年一月一日ヨリ施行スヘキ当省令第十一号獣類伝染病予防規則発布ノ主旨タル、獣類ノ伝染病ヲ予防撲滅シテ其生命ヲ完ウセシメ、以テ国家ノ一財産ヲ保護スルニ在ルコト、今更言ヲ俟タサル義ニシテ、之カ目的ヲ達セントスルニハ固ヨリ適当ノ獣医ヲ要セサルヘカラス、殊ニ人体ニ伝染スヘキ獣類伝染病予防ノ実施及ヒ乳肉ノ善悪適否ヲ検定スル等ノ事ハ人身ノ衛生上ニ関シ最緊要ニシテ、一層ノ注意ヲ加ヘサルヘカラサル義ニ付、此際其庁ニ於テモ可成適当ノ獣医ヲ採用シ、以テ獣医ニ関スル諸般ノ事務ヲ担当セシムヘシ、此旨内訓ス

明治十九年十二月廿一日

農商務省次官　吉田清成　印

京都府知事　北垣国道殿

この内訓は、翌年一月から施行される「獣類伝染病予防規則」の主旨を述べたものです。まず、獣類伝染病の予防撲滅が国家の財産を保獣することになることを指摘し、そのために

獣医は人に伝染する獣類伝染病の予防と乳肉の善悪適否の検定に注意を払うことになると述べ、なるべくこれらの業務を全うできる獣医を採用するように勧めています。

内訓に続き同月二五日には、獣医免許規則第五条内規の廃止の通達が次官から知事に出されました。これにより、獣医不足の地域での例外措置は廃止され、獣医開業は基本的に獣医学教育の卒業生か、開業試験の合格者に限定されることになりました。しかし、実際にはこれは厳守されなかったようで、京都府では明治二一年四月に「獣医取締規則ノ義伺[3]」が出されています。伺書には、京都府管内で開業獣医が増えているが、いまだ取締規則がないので弊害が生じており、これは主務省（農商務省）の旨趣と違うだけでなく、獣畜繁殖や衛生上も問題であろうというのです。獣医子弟で助手という者も名義は助手だが実は五六里も獣医の家から離れたところで勝手に患畜の治療や施術、投薬をする弊が生じていたようです。ついては、弊害をなくすために取締規則を達してほしいというのです。この伺書からは、獣医不足を逆手に取り、免状もない者が治療や投薬を行うケースが多々あったということがわかります。京都府ではこの取締規則により、ふるいにかけようとしました。

このような地方の実態は農商務省も危惧していたようです。すでに紹介しましたが、明治二三年に獣医免許規則を改正するとともに、「獣医免許試験規則」を定め、試験科目を増設して、獣医学と実習の二本立てに変更しました。出口である獣医開業免状の取得規定を厳しくしたため、それに対応するために獣医学教育もレベルアップを急がなければなりませんでした。獣医養成は他分野に比べて後発でしたが、獣畜伝染病の予防・治療のため、新旧交代は急ピッチで進められました。特に明治一〇年代、二〇年代は牛疫の侵入が全国へ拡大したため、獣医は畜産と獣医学の実地教育が必要となりました。明治二八年には旧伯楽はほぼ完全に獣医の現場から排除されました。これにより、獣医は学士または農学校の獣医学修了者へ移行していきます。このような状況の中で、女性獣医の養成をどうするか、という課題も自然消滅していったのではないでしょうか。

獣医の激務　明治二〇年代、獣医学を修め府県へ就職した獣医は、昼夜を問わず牛疫治療に追われました。なおかつ、地域の獣医の指導も兼務し、まさしく激務の仕事でした。明治二五（一八九二）年一一月、京都府は牛疫獣医の組織化を図り、駒場農学校卒業の獣医学士、古川元直をトップに据え、牛疫予防委員を嘱託し、その下に置いた各郡の獣医を監督させました。委員は、乙訓郡向日町警察署分署在勤獣医堀井清栄、綴喜郡八幡分署在勤獣医田宮常次郎です。古川ら学士の激務については、次のように書かれています[4]。

今般農商務大臣ヨリ牛疫予防獣医ノ手当ヲ三十円以内ト改正候旨訓令相成候、然ルニ牛疫予防為雇入候獣医瀬永金治並ニ古川元直ハ、此迄無拠十五円官給有之候処、古川獣医ハ一般雇入獣医ノ監督ヲ被命、且ツ本府兼勤ノ姿トハ雖夜中何時トナク出張セシメ、随分安眠も不出来次第ニテ、又瀬永獣医ハ学士ノ名称ハ無之キ古川獣医学士ト同シク駒場獣医学校ヲ卒業シテ十分資格ヲ有シ、京都近傍ニ獣疫ヲ発シタルトキハ、直ニ派出シ殆ント昼夜予防ニ従事致候得ハ、十五円ノ手当ニテハ誠ニ気ノ毒ニ有之、幸ヒ三十円以内ヲ支給シ得候事ニ相成候得ハ、何レモ自今一ヶ月廿五円ノ割ヲ以テ支給相成候様致度、此段相伺候也　目下近府県皆牛疫ヲ発生シ獣医欠乏、現ニ瀬永獣医ノ如キハ滋賀県ヨリ雇入申込次第ニ付此辺も御考慮□

辞令案

牛疫予防獣医　古川元直

瀬永金治

自今一ヶ月廿五円ノ割ヲ以テ手当ヲ支給ス

年月日　京都府

とあり、古川、瀬永獣医の月給増額が承認されています。学士らの激務により牛疫も収束し、明治二五年一二月には、経費上の都合で牛疫予防委員は職を解かれています。田宮常次郎とともに解雇された奥田亦郎は、本職は歯科医であったことがこれらの文書により判明しました[5]。

獣医田宮常次郎　綴喜郡八幡分署在勤獣医田宮常次郎は、明治二三年一〇月には蹄鉄工免状を願い出ています。すでに紹介しましたが、明治二三年から獣医から蹄鉄工が分離され、開業試験が別となりました。すでに獣医免状を取得している者に関しては、獣医免状取得済を農商務省に進達すれば、蹄鉄工免状が授与されました。馬は勿論ですが、大住村の貴重な働き手である畜牛相手の蹄鉄業を想定したのではないでしょうか。この願書にある届出住所が里宇の住所と一致しました。大住村住所の「内一号住」とあるので、同じ敷地内に住む親類と考えられます。常次郎が獣医学をどこで修得したかは不明ですが、『官報[6]』に、明治二〇年一〇月八日付農商務省発表として、「大坂府大坂」で実施された第四回獣医開業試験の合格者に「京都府平民　田宮常次郎」と掲載されている。里宇が再受験の願書を京都府へ提出したのは、同年一二月なので、常次郎の合格に触発されてのことかもしれません。

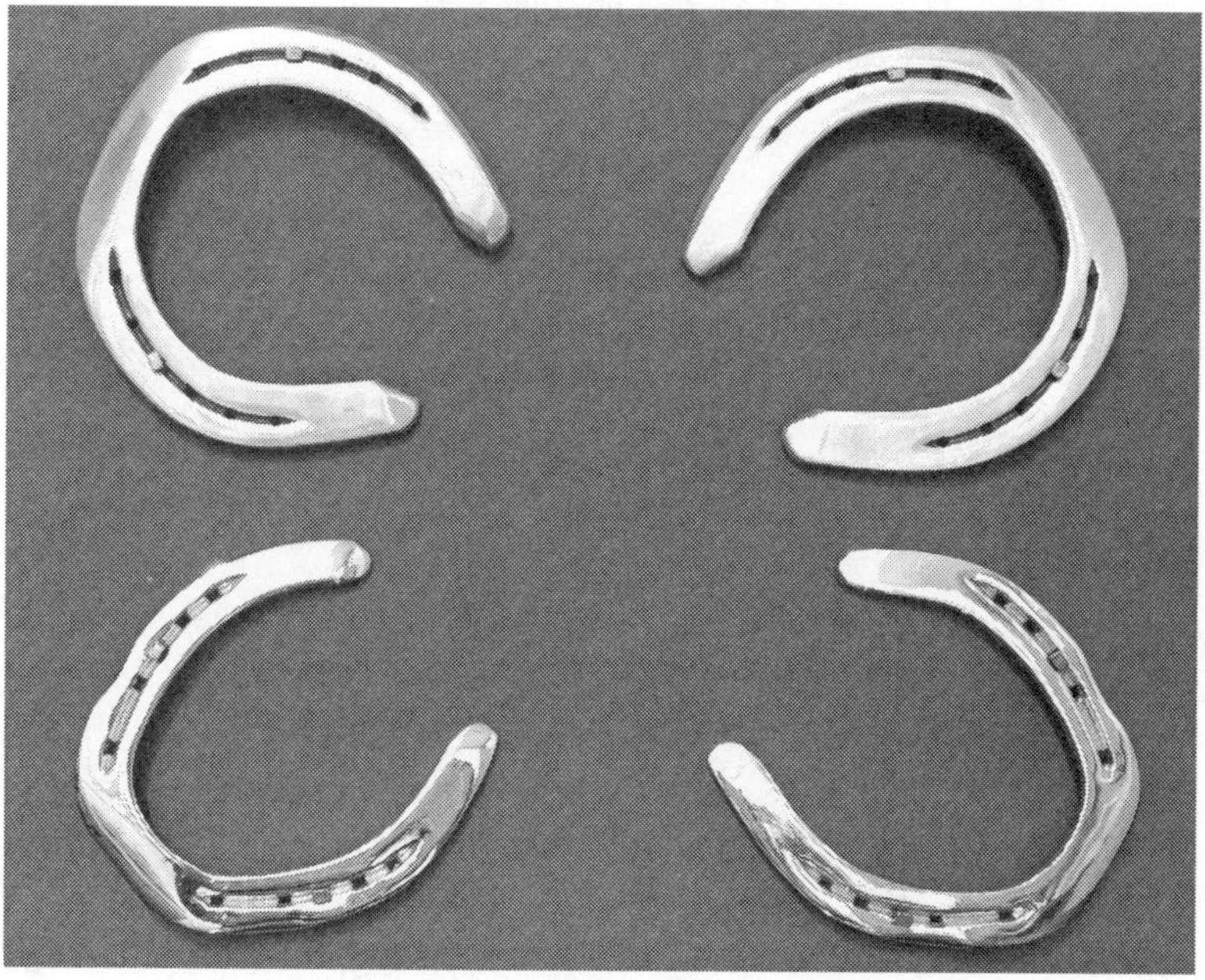

写真　蹄鉄（東京農業大学学術情報課程所蔵）

常次郎の獣医としての仕事が京田辺市に残されています。大住村役場へ提出した牛の伝染病「聖京偏」の記録です[7]。全文を次に掲載します。

聖京偏

此症ヲ起スノ原因は数様ノ別アリ、譬ヘハ空気模様定マラス、蒸気ノ閉塞スル事暖度変伝ニ由ル、此病ヒ春秋弐季ニ必ス有ル症ナリ

明治二十年春期ニ於テ　十三頭

同　　年秋期ニ於テ　九頭

明治二十一年春期於テ　十六頭

同　　年秋期於テ　弐拾一頭

明治二十二年春期ニ於テ　八頭

同　　年秋期ニ於テ十月二日ヨリ

同十月廿四迄六拾四頭ニ至ル

合計百三拾四頭

明治二十二年　　獣医　田宮常次郎　印

十月廿四日

大住村役場御中

聖京倔は牛の感染症のようです。村の貴重な働き手である牛を治療し、伝染病予防につとめた常次郎は、里宇が果たせなかった村の獣医の仕事をやり遂げたのかもしれません。常次郎合格後は、里宇の獣医開業試験への再チャレンジはなかったようですが、内科医として、また、常次郎のよき理解者として村の人々の安寧、幸福に尽力したものと考えます。

注

1　中小路純「獣医学と三里塚」(『北総の歴史を訪ねて』四九、『ちば民報』一八九八号、二〇一八年一〇月七日付)。
2　『明治十九年　内達訓示　官房付書記』明一九—一、京都府立京都学・歴彩館所蔵。
3　『明治二十一年　布令　庶務課』明二一—二一—一、京都府立京都学・歴彩館所蔵。
4　『明治廿五　傭進退綴　知事官房』明二五—一九、京都府立京都学・歴彩館所蔵。
5　同前。「獣医奥田亦郎ハ其本職歯科医ニシテ長ラクノ在勤ハ可厭念慮有之」とある。
6　『官報』第一二八六号、明治二〇年一〇月一〇日付。
7　「旧大住村役場引継文書」一七四三「綴」京田辺市所蔵。

おわりに

明治期の女性獣医の誕生は幻に終わりましたが、開業試験に合格すれば女性でも獣医開業を許可するという駒場農学校獣医学科教員と御雇ドイツ人教師ヤンソンの意見、そして、それを許した農学校幹事と農商務省の決断は高く評価できます。そこには、獣医開業試験、獣医免状、獣医学教育を管轄下に置き、全国の獣医関係行政を統括するという農商務省の思惑もありました。また、第一回開業試験を受験した京都府綴喜郡大住村の内科医田宮里宇が、一度の不合格であきらめずに、再度果敢にチャレンジしたことも、それまでになかった明治の女性としての気概を感じます。

なにが里宇を再チャレンジへと駆り立てたのか。やはりそれは大住村の貴重な労働力である牛を伝染病から守ることでした。これは里宇の親類である田宮常次郎が村の獣医を勤めたことにも繋がります。京田辺市を歩くと、牛回しの石碑や神牛の碑が祀られていることに気づきます。村人たちが家畜の牛の健康と安全を祈願し、大切にしていたことがわかります。獣医開業試験は開始後まもなく規則改正などにより、近代的な学理と実践を兼ね備えた試験内容に代わり、合格するためには、それなりの獣医学教育を修了した者でなければ耐え得ないレベルになりました。この数年の間での急激な新旧交代は、女性のための専門教育を用意する余裕はありませんでした。牛疫、馬疫など伝染病の侵入を防ぐという実務的な任務で学士獣医は激務をこなしていました。大正期に私立獣医学校への女子学生入学はありましたが、実際に獣医師試験に合格する女性が出現したのは昭和期を待たなくてはなりませんでした。

明治一九年の女性獣医に犬や猫などの小動物治療をさせてもいいのではないか、という発案は、現代の私たちから見ると、男女差別または男女による職業差別として、ジェンダーバイアスの極致のように見えますが、果たしてそうだったのでしょうか。医術開業試験にベルツが風紀の乱れを理由に大反対したことを考えれば、ヤンソンらの意見はあえて大小動物を分けることで婦人の職業を創出しようとしたのではないでしょうか。ただ、臨床治療はイメージできましたが、肝心の女性の獣医学教育については考えが及ばなかったのです。一八八六年に日本で女性獣医が誕生していれば、世界初の小動物臨床医となっていたことでしょう。残念ながらその後の近代獣医養成では、女性獣医の存在が完全に忘れ去られてしまいました。

現在、農林水産省の平成三〇年「獣医師法第二二条の届出」者合計によると、日本の獣医師全体の三一・六パーセントが女性です。なかでも、公務員（農林水産分野、公衆衛生等）に続き、小動物診療の女性従事者が年々増加しています。また現在、全国の獣医学系大学生の約半数が女性であり、平成三一年卒業者の進路でも産業動物診療の男女比率が五二対四八に対し、小動物診療は四八対五二と女性の割合が高くなっています（農林水産省「獣医事をめぐる情勢」資料一、二〇一九年一一月）。近年犬猫の飼育頭数は減少傾向ですが、小動物の飼育者に対する保健衛生指導の充実や人獣共通感染症対策に係る医師と獣医師の連携による「One Health」の実践活動が期待され、以前にも増して小動物診療は注目を集めています。しかし小動物診療に携わる女性が増える一方で、現在、女性獣医師の約六パーセントが無職（無職の医師及び歯科医師は一パーセント程度）であり、女性獣医師への就業・復職支援が課題となっています（「小動物獣医療の現状と今後の対応」獣医事審議会計画部会説明用資料、日本獣医師会・副会長村中志朗、二〇一九年七月二三日）。

SDGs の目標五「ジェンダー平等を実現しよう」を掲げながらも、我が国のジェンダーギャップ指数が先進国の中で最低位であることを考えれば、女性獣医が積極的に職に就けないあるいは就かせない長年の社会的通念が存在していることは否めません。ジェンダーバイアスは思い込みの産物でもあります。福沢諭吉や加藤弘之のいうように、また、駒場農学校獣医学科教員と御雇ドイツ人教師ヤンソンが発案したように、果敢にチャレンジすることがいつの時代も人々の生きる原動力となり、次の世代に引き継がれていくのではないでしょうか。

謝辞

本研究の史料解読をはじめ、最後までご教示ご鞭撻をいただきました東京大学名誉教授宮地正人氏ならびに平田研究会の皆様に深く感謝申し上げます。また現地調査において多大なご協力をいただきました澤井家ご当主澤井公和氏、京田辺市郷土史会会長上村公則氏、京田辺市役所市民部市史編さん室主任松本勇介氏、精華町教育委員会生涯学習課中川博勝氏、京田辺市立中央図書館北部分室宇野亜紀氏、吉村シズ子氏、貴重な史料閲覧に際しお世話になりました東京大学文書館、京都府立京都学・歴彩館、京田辺市役所市民部市史編さん室、精華町教育委員会の皆様、東京農業大学学術情報課程教授木村李花子氏に厚く御礼申し上げます。

最後に、田宮里宇さんが白馬に乗って大住村を回診されていたこと、とても上品で凛《りん》とした女性だったこと、家の奥で薬をひいていたことなど、小さい頃の思い出を話して下さった田宮のおばあちゃんと田宮家の皆様へ厚く御礼申し上げます。

本研究はJSPS科研費JP15K04249・JP20K02494助成を一部受けたものです。

著者略歴

熊澤 恵里子（くまざわ えりこ）

早稲田大学大学院文学研究科博士課程単位取得退学。博士（文学）
東京農業大学教職・学術情報課程教授。同農学研究科環境共生学専攻教授。
専門は日本教育史。洋学史、農学教育史。
著書・論文に『幕末維新期における教育の近代化に関する研究－近代学校教育の生成過程』（風間書房、2007年）、「経験知から科学知へ－高等農学教育における英国流からドイツ流の選択」（井田太郎・藤巻和宏編『近代学問の起源と編成』勉成出版、2014年）、「奥州平田門人早田伝之助の教育活動－心学から平田国学へ」（『地方教育史研究』28、2007年）、「越境する科学－獣医学教師、英国からドイツへ－」（『日独文化交流史研究』2017年号、2017年）ほか。

幻の女性獣医誕生計画 ―近代日本の獣医養成史―

発行日：2022年３月20日初版発行
著　者：熊澤 恵里子
発　行：一般社団法人 東京農業大学出版会
　　　　東京都世田谷区桜丘1-1-1
　　　　TEL（03）5477-2666
　　　　FAX（03）5477-2747
印　刷：株式会社 ワーナー
　　　　千葉県千葉市稲毛区六方町13-2

ISBN 978-4-88694-514-3 C3061 ¥800E